ABITUR TRAINING

Walter Czech

Analysis

Aufgaben mit Lösungen

Mathematik Grundkurs

STARK

ISBN: 3-89449-138-8

2. durchgesehene Auflage 1995

Inhalt

Theorie und Aufgaben

(Fortsetzung nächste Seite)

Vorwort

Liebe Kollegiatin, lieber Kollegiat,

das vorliegende Buch wendet sich an alle, die sich mit einem minimalen Zeitaufwand optimal auf Klausuren und das Abitur im Grundkurs vorbereiten wollen.

Dieses Ansinnen spiegelt sich auch in seinem Aufbau wider:

- Jedes Kapitel ist in sich abgeschlossen und damit als **kompakte Wiederholungseinheit** geeignet: Alle grundlegend wichtigen Eigenschaften der e-, ln- und gebrochenrationalen Funktionen sind auf übersichtliche und einprägsame Weise dargestellt.
- Die Übungseinheiten werden durch **Musterbeispiele**, die das erforderliche **Grundwissen** beinhalten, eingeleitet, um den Einstieg in den entsprechenden Aufgabenkomplex zu erleichtern.
- Eine Vielzahl von ausgewählten **Aufgaben** dient zur Einübung algebraischer Grund- sowie unerläßlicher Rechenfertigkeiten zur Kurvendiskussion.
- **Ausführliche Lösungen** zu allen Aufgaben ermöglichen eine optimale Wissenskontrolle.

Mit Hilfe dieses Buches können Sie Wissenslücken rechtzeitig erkennen und durch Wiederholung der entsprechenden Stoffgebiete gezielt und selbständig schließen.

In diesem Sinne viel Erfolg!

W. Czech

I. Natürliche Exponentialfunktionen

1. Grundwissen

$f\colon x \mapsto e^x; \quad x \in \mathbb{R}$

$f'\colon x \mapsto e^x; \quad x \in \mathbb{R}$

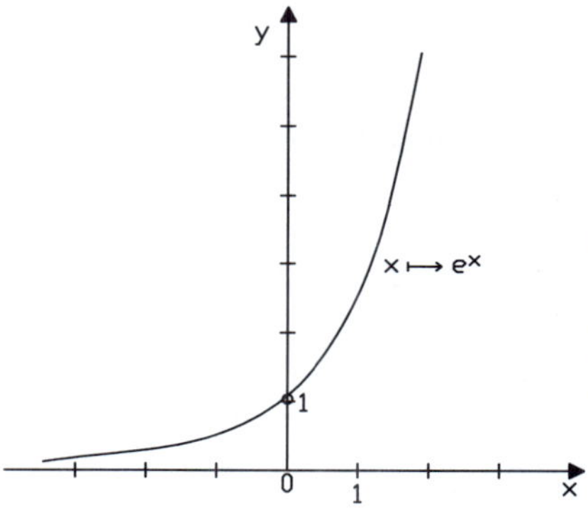

$\lim\limits_{x \to \infty} e^x = \infty; \quad \lim\limits_{x \to -\infty} e^x = 0$

$e^x > 0$ für alle $x \in \mathbb{R}$

$e^{-x} > 0$ für alle $x \in \mathbb{R}$

$e^x \cdot e^y = e^{x+y}; \quad x, y \in \mathbb{R}$

$\dfrac{e^x}{e^y} = e^{x-y}; \quad x, y \in \mathbb{R}$

$e^x = a \quad \Leftrightarrow \quad x = \ln a$

$e^0 = 1$

$\int e^x \, dx = e^x + C; \quad x \in \mathbb{R}, C \in \mathbb{R}$

Beispiele für Funktionsgraphen

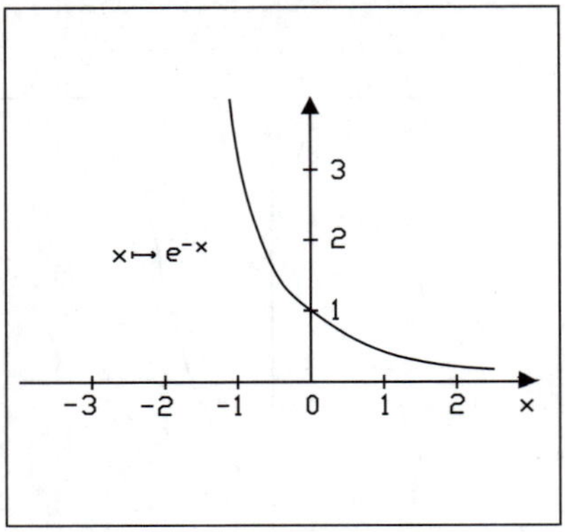

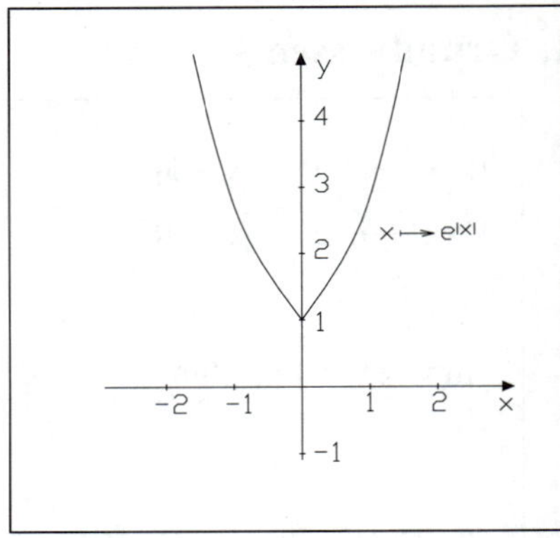

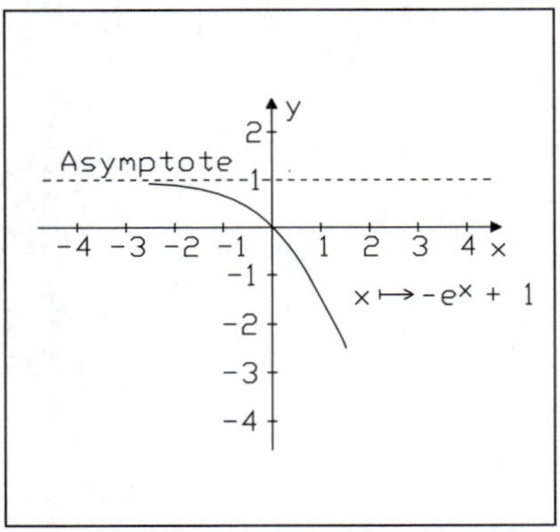

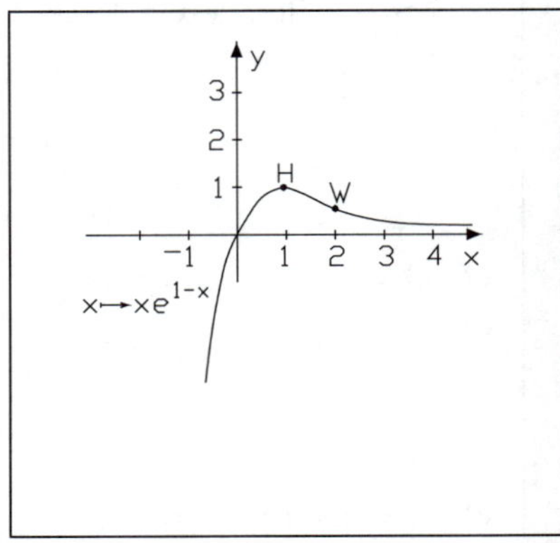

Aufgaben

1. **Die e-Funktion auf dem Taschenrechner**

Funktionswerte der e-Funktion werden mit der [e^x] -Taste oder mit der Tastenfolge [INV] [ln x] berechnet.

Beispiel:

Den Wert $e^{2,5} \approx 12,182$ erhält man mit der Tastenfolge:

2,5 [e^x] oder 2,5 [INV] [ln x]

a) Berechnen Sie auf dem Taschenrechner auf Tausendstel:

(1) $e^{1,8}$ (2) $e^{-0,05}$

b) Berechnen Sie auf dem Taschenrechner auf Hundertstel:

Beispiel:

$(\sqrt{e} + 2)^2 \approx 13,31$

Tastenfolge: [1] [e^x] [$\sqrt{x}$] [+] [2] [=] [x^2]

oder:

[1] [INV] [ln x] [$\sqrt{x}$] [+] [2] [=] [x^2]

(1) $1 - e^{-2}$ (2) $\dfrac{1 + e^2}{1 - e^{-2}}$ (3) $\dfrac{3 - \sqrt{e}}{0,5\sqrt{e}}$

2. Skizzieren Sie die Graphen folgender Funktionen mit Hilfe einer Wertetabelle:

a) $f: x \mapsto 0,5\, e^{0,5\,x}; \quad x \in \mathbb{R}$

b) $f: x \mapsto -e^{-x/2}; \quad x \in \mathbb{R}$

c) $f: x \mapsto |\, e^x - 1\,|; \quad x \in \mathbb{R}$

d) $f: x \mapsto 2 + e^{|x|}; \quad x \in \mathbb{R}$

2. Algebraische Grundübungen

Beispiele

1. Berechnen Sie:

a) $e^2 \cdot e^{-2} = e^{2-2} = e^0 = 1$

b) $e^4 : (e^2 \cdot e^{-3}) = e^4 : e^{-1} = e^{4-(-1)} = e^5$

c) $e^{\ln 2} (e^{\ln 2} - 2) = 2\,(2 - 2) = 2 \cdot 0 = 0$

d) $0{,}5\,(2 - e)^2 + 2\,e = 0{,}5\,(4 - 4\,e + e^2) + 2\,e =$
$= 2 - 2\,e + 0{,}5\,e^2 + 2\,e = 2 + 0{,}5\,e^2$

2. Fassen Sie zusammen:

a) $-(-2) \cdot e^{-2x} \cdot (x + 1{,}5) + (-e^{-2x}) = 2\,e^{-2x}(x + 1{,}5) - e^{-2x} =$

$= e^{-2x}[2\,(x + 1{,}5) - 1] = e^{-2x}(2\,x + 2) = 2\,e^{-2x}(x + 1)$

↑ Ausklammern des gemeinsamen Faktors e^{-2x}

b) $3 \cdot \dfrac{1}{e^x + 1} \cdot e^x - 2 = \dfrac{3\,e^x}{e^x + 1} - \dfrac{2\,(e^x + 1)}{e^x + 1} =$

↑ Gleichnamig machen

$= \dfrac{3\,e^x - 2\,e^x - 2}{e^x + 1} = \dfrac{e^x - 2}{e^x + 1}$

Aufgaben

3. Berechnen Sie jeweils die Funktionswerte f (0), f (1), f (– 2) auf Hundertstel genau:

   a) $f(x) = x\,e^{-0{,}5\,x^2}$ b) $f(x) = (1 - 2\,x)\,e^{-x}$

4. Fassen Sie zusammen:

   a) $-e^{1-x} \cdot (-1) \cdot (1 + x) - e^{1-x}$

   b) $\frac{1}{2}\,[e^x\,(e^x - 2) + e^x \cdot e^x]$

   c) $-2\,e^{-x} + (1 - 2\,x)\,e^{-x} \cdot (-1)$

   d) $\dfrac{2\,e^x\,(2 - e^x) - 2\,e^x\,(-e^x)}{(2 - e^x)^2}$

   e) $\dfrac{\dfrac{e^x}{\sqrt{e^x - 1}} \cdot e^x - e^x\,\sqrt{e^x - 1}}{e^{2\,x}}$

5. Gegeben ist der Term $F(x) = -e^{1-x} - x\,e^{1-x}$.
   Berechnen Sie $I(k) = F(k) - F(-1)$.

6. Gegeben ist der Term $F(x) = -e^{-x} + x^2\,e^{-x} + 2\,x\,e^{-x} + 2\,e^{-x}$.
   Berechnen Sie $F(1) - F(-1)$.

3. Differenzieren mit der Kettenregel

Vor dem Differenzieren muß ein Funktionsterm auf seinen Aufbau hin geprüft werden. Bei zusammengesetzten Termen muß **nachdifferenziert** werden.

> **Kettenregel**
>
> Die Verkettung zweier differenzierbarer Funktionen u und v ergibt eine differenzierbare Funktion f. Dabei gilt:
>
> $$f(x) = v(u(x)) \Rightarrow f'(x) = v'(u(x)) \cdot u'(x)$$

Beispiele

1. Ermitteln Sie die 1. Ableitung von $f(x) = e^{1-0{,}5x^2}$!

   Lösung

   $f(x) = e^{1-0{,}5x^2}$ — gegebene Funktion

   $u(x) = \boxed{1-0{,}5x^2} \Rightarrow u'(x) = -0{,}5 \cdot 2x = -x$ — innere Funktion mit Ableitung

   $t = 1 - 0{,}5x^2$

   $v(t) = e^t \Rightarrow v'(t) = e^{\boxed{t}}$ — äußere Funktion mit Ableitung

   $f'(x) = e^{1-0{,}5x^2} \cdot (-x)$ — gemäß Kettenregel

   $= -x\,e^{1-0{,}5x^2}$

2. Ermitteln Sie die 1. Ableitung von $f(x) = -2x^2 \cdot e^{x^2}$!

   Lösung

   $f(x) = -2x^2 \cdot e^{x^2}$ — gegebene Funktion

   Wir beginnen mit der **Produktregel**

   $f'(x) = -2 \cdot 2x \cdot e^{x^2} + (-2x^2(e^{x^2})')$

   Wir unterbrechen an dieser Stelle und leiten in einer Nebenrechnung die Funktion $x \mapsto e^{x^2}$ ab:

$$\left.\begin{aligned} u(x) &= x^2 \Rightarrow u'(x) = 2x \\ &\qquad\quad t = x^2 \\ v(t) &= e^t \;\;\Rightarrow v'(t) = e^t \end{aligned}\right\} \Rightarrow \left(e^{x^2}\right)' = e^{x^2} \cdot 2x$$

Wir setzen dies oben ein:

$$f'(x) = -2 \cdot 2x \cdot e^{x^2} + (-2x^2)\, e^{x^2} \cdot 2x$$

$$f'(x) = -4x\, e^{x^2} - 4x^3\, e^{x^2}$$

$$f'(x) = -4x\,(1 + x^2)\, e^{x^2}$$

Aufgaben

7. Ermitteln Sie die 1. Ableitung von:

a) $f(x) = 3\, e^{3x+2}$ b) $f(x) = e^{3x} + 2$

c) $f(x) = e^{x^2}$ d) $f(x) = (e^x)^2$

e) $f(x) = \sqrt{e^x}$ f) $f(x) = (1 - 2x)\, e^x$

g) $f(x) = 2x^2\, e^{1 - 0{,}5\, x^2}$ h) $f(x) = (x^2 - 4x + 6)\, e^{0{,}5\, x}$

8. Benutzen Sie die Quotientenregel und bilden Sie die 1. Ableitung von:

a) $f(x) = \dfrac{e^x}{x}$ b) $f(x) = \dfrac{2\, e^x}{2 - e^x}$

c) $f(x) = \dfrac{4\, e^x}{(2 - e^x)^2}$ d) $f(x) = \dfrac{0{,}5\, x^2 + 2}{e^{0{,}5\, x}}$

e) $f_k(x) = \dfrac{k\, e^x}{k - e^x}$ f) $f_k(x) = \dfrac{e^{kx} - k}{e^x}$

9. Zeigen Sie, daß die Funktion $F: x \mapsto 3 \ln(e^x + 1) - 2x\,; \quad x \in \mathbb{R}$ eine Stammfunktion von $f: x \mapsto \dfrac{e^x - 2}{e^x + 1}; \quad x \in \mathbb{R}$ ist!

4. Auflösen von Exponentialgleichungen

Beispiele

Ermitteln Sie in der Grundmenge G = ℝ die Lösungszahlen der folgenden Gleichungen:

a) $e^{3x} - 2 = 0 \Leftrightarrow e^{3x} = 2$

Durch Logarithmieren erhalten wir:

$\ln e^{3x} = \ln 2$

$\ln e^x = x$

$\Leftrightarrow \quad 3x = \ln 2 \quad \Leftrightarrow \quad x = \frac{1}{3} \ln 2$

Die Lösungszahl heißt $\frac{1}{3} \ln 2$.

b) $2e^{-2x} - 4(x+1)e^{-2x} = 0$

Wir klammern zunächst den gemeinsamen Faktor e^{-2x} aus:

$2e^{-2x}[1 - 2(x+1)] = 0$

$\Leftrightarrow \quad 2e^{-2x}(-2x - 1) = 0$

Nach der Regel "*Ein Produkt wird Null, wenn mindestens einer seiner Faktoren Null ist*" erhält man die Lösungen aus

$2e^{-2x} = 0 \quad \vee \quad -2x - 1 = 0$

$L = \{\} \quad \Leftrightarrow \quad x = -0{,}5$

Die Lösungszahl heißt – 0,5.

Aufgaben

10. Berechnen Sie die *Lösungszahl* in der Grundmenge G=$\mathbb{R}$:

    a) $e^x - e^{2x} = 0$ b) $e^{-2x} - 10 = 0$

    c) $2e^{-x}(1 - 4e^{-x}) = 0$ d) $e^{x + \ln 4} = 21$

11. Berechnen Sie den Lösungsterm:

    a) $a - \frac{a}{e^x} = 3;\quad a < 0$ b) $(a - e^x)^2 = a^2;\quad a \in \mathbb{R}^+$

12. Gegeben ist die Funktionenschar $f_k : x \mapsto x\,e^{k-x}$ mit $x \in \mathbb{R}$ und $k \in \mathbb{R}$.
    Bestimmen Sie k so, daß der zugehörige Funktionsgraph durch den Punkt $P\left(2; \frac{2}{e}\right)$ geht!

13. Stellen Sie fest, ob die Funktion f *Nullstellen* hat:

    a) $f: x \mapsto x\,e^x;\quad x \in \mathbb{R}$ b) $f: x \mapsto (x+1)\,e^x;\quad x \in \mathbb{R}$

    c) $f: x \mapsto \frac{e^x - 2}{e^x + 1};\quad x \in \mathbb{R}$ d) $f: x \mapsto 2\,\frac{x+1}{e^{2x}};\quad x \in \mathbb{R}$

5. Lösungsmengen von Ungleichungen (Monotonieverhalten)

Wenn es um Kurvendiskussionen geht, dann ist meist das *Monotonieverhalten* der Funktionen gefragt. Das bedeutet, daß Ungleichungen zu lösen sind.

Beispiel

Untersuchen Sie das Monotonieverhalten der Funktion

$$f\colon x \mapsto \frac{1}{2}(2 - e^x)^2; \quad x \in \mathbb{R}!$$

Lösung

Es gilt der Satz:

Gegeben sei eine über dem Intervall I differenzierbare Funktion f. Dann gilt:

- f ist über I streng monton wachsend $\Leftrightarrow$ $f'(x) > 0$ für alle $x \in I$
- f ist über I streng monton abnehmend $\Leftrightarrow$ $f'(x) < 0$ für alle $x \in I$

Wir bilden vom gegebenen Funktionsterm die 1. Ableitung:

$$f'(x) = \frac{1}{2} \cdot 2\,(2 - e^x) \cdot \underset{\substack{\uparrow \\ \textbf{nachdifferenzieren}}}{(-e^x)} = -e^x\,(2 - e^x)$$

Die gegebene Funktion ist für alle $x \in \mathbb{R}$ differenzierbar.
Wir berechnen zunächst die Nullstellen der 1. Ableitung:

$$f'(x) = 0 \Rightarrow -e^x\,(2 - e^x) = 0 \Leftrightarrow 2 - e^x = 0 \Leftrightarrow x = \ln 2$$

Durch die Nullstelle $x = \ln 2$ wird der Definitionsbereich $\mathbb{D}_f = \mathbb{D}_{f'} = \mathbb{R}$ in zwei Teilbereiche unterteilt, in denen $f'(x)$ jeweils einheitliches Vorzeichen hat:

Bereich	Aussage über f '(x)	Monotonieaussage
$-\infty < x < \ln 2$	$f'(x) < 0$	f streng monoton abnehmend
$\ln 2 < x < \infty$	$f'(x) > 0$	f streng monoton wachsend

Anmerkung: Die Vorzeichenaussage über $f'(x)$ in den Intervallen $]-\infty\,;\ln 2[$ und $]\ln 2\,;\infty[$ ist jeweils durch ein Zahlenbeispiel möglich. Also zum Beispiel:

$f'(0) = -e^0\,(2 - e^0) = -1 \cdot 1 < 0 \Rightarrow f'(x) < 0$ für $x < \ln 2$
$f'(1) = -e^1\,(2 - e^1) > 0 \Rightarrow f'(x) > 0$ für $x > \ln 2$

Graph der Funktion:
Anhand des Graphen der gegebenen Funktion f können Sie nochmals anschaulich die Ergebnisse der vorhergehenden Rechnung nachvollziehen.

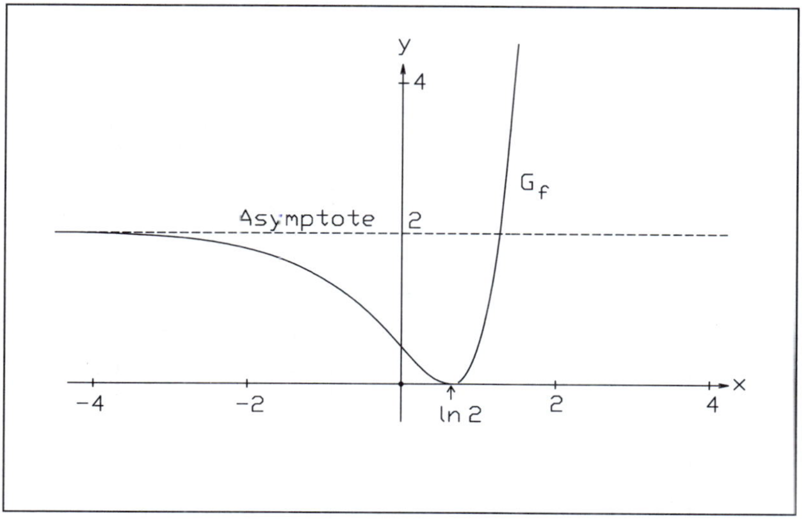

f: $x \mapsto \frac{1}{2}(2 - e^x)^2$; $x \in \mathbb{R}$

Aufgaben

14. Stellen Sie mit Hilfe der 1. Ableitung fest, in welchen Teilbereichen von $\mathbb{D}_f = \mathbb{R}$ die Funktion f streng monoton zunimmt bzw. abnimmt:

a) f: $x \mapsto (x - 1)\, e^{2 - x}$ b) f: $x \mapsto x^2\, e^{-x}$

c) f: $x \mapsto 4\, x\, e^{-0,5\, x^2}$ d) f: $x \mapsto \dfrac{e^x - 2}{e^x + 1}$

Weitere Aufgaben zum Monotonieverhalten der e-Funktion folgen in Kapitel I.6 (siehe Seite 17).

15. Ordnen Sie Graph und Funktionsvorschrift einander zu:

f_1: $x \mapsto xe^x$; $x \in \mathbb{R}$ f_2: $x \mapsto x^2\, e^x$; $x \in \mathbb{R}$

f_3: $x \mapsto x^2\, e^{x^2}$; $x \in \mathbb{R}$ f_4: $x \mapsto x\, e^{-x^2}$; $x \in \mathbb{R}$

a)

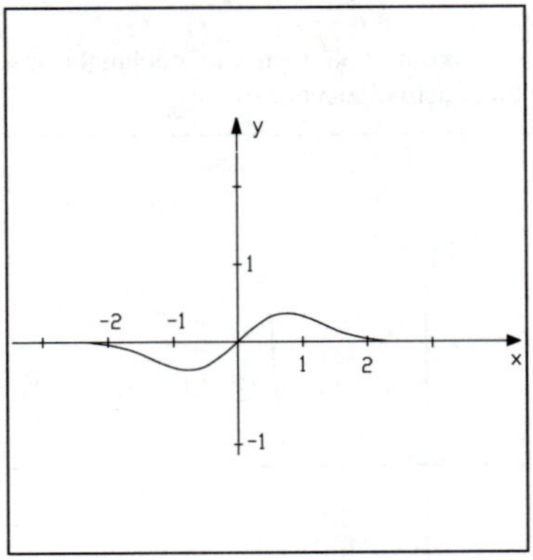

b)

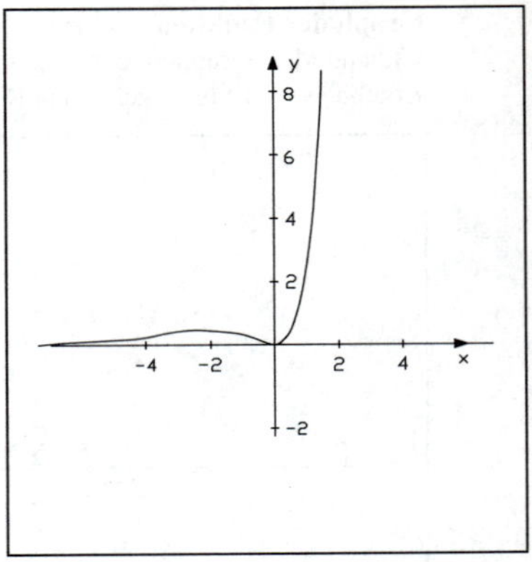

c)

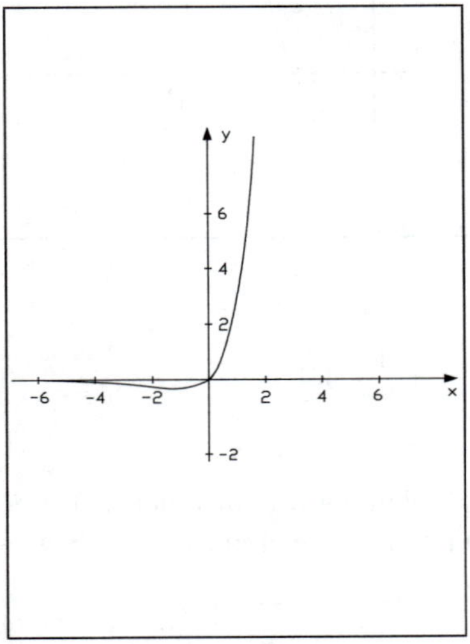

d)

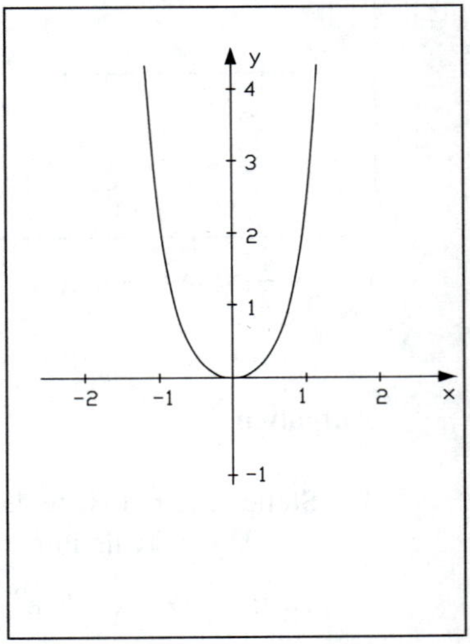

6. Diskussion von natürlichen Exponentialfunktionen

Beispiel

Untersuchen Sie den Graphen G_f der Funktion $f: x \longmapsto 4\,x\,e^{-0,5\,x^2}$ mit $x \in \mathbb{R}$ auf Symmetrieeigenschaften, Schnittpunkte mit den Koordinatenachsen, Verhalten für $|x| \to \infty$, Monotonieverhalten, relative Extrema und Wendepunkte!
Skizzieren Sie den Graphen G_f!

Lösung

Symmetrieeigenschaften

Der Graph ist punktsymmetrisch zu (0 ; 0), denn für alle $x \in \mathbb{R}$ ist
$-f(-x) = -4(-x)\,e^{-0,5\,(-x)^2} = 4\,x\,e^{-0,5\,x^2} = f(x)$

Schnittpunkte mit den Koordinatenachsen

Für gemeinsame Punkte mit der x-Achse gilt $f(x) = 0$.
Also: $4\,x\,e^{-0,5\,x^2} = 0 \Leftrightarrow x = 0 \Rightarrow S_x\,(0\,;0)$
Für einen gemeinsamen Punkt mit der y-Achse gilt $x = 0$.
Die y-Koordinate dieses Punktes erhalten wir, indem wir f (0) berechnen.
Also: $f(0) = 4 \cdot 0\,e^{-0,5 \cdot 0^2} = 0 \Rightarrow S_y\,(0\,;0)$
Ergebnis: Der Graph hat mit den Koordinatenachsen den Nullpunkt gemeinsam.

Verhalten für | x | → ∞

$$\lim_{x \to \infty} 4\,x\,e^{-0,5\,x^2} = \lim_{x \to \infty} \frac{4\,x}{e^{0,5\,x^2}} \;\ldots\ldots$$

Wir unterbrechen an dieser Stelle und erinnern uns, daß $\lim\limits_{x \to \infty} \frac{x}{e^x} = 0$.

Da $e^{0,5\,x^2} > e^x$ für $x > 2$, so gilt $\lim\limits_{x \to \infty} \frac{4\,x}{e^{0,5\,x^2}} = 0$.

Aus Symmetriegründen ist auch $\lim\limits_{x \to -\infty} f(x) = 0$.
Oder ausführlich gerechnet:

$$\lim_{x \to -\infty} 4\,x\,e^{-0,5\,x^2} = \lim_{x \to -\infty} \frac{4\,x}{e^{0,5\,x^2}} = \lim_{x \to \infty} \frac{4\,(-x)}{e^{0,5\,(-x)^2}} =$$
$$= \lim_{x \to \infty} \frac{-4\,x}{e^{0,5\,x^2}} = 0$$

Die x-Achse ist **Asymptote** des Graphen G_f.

Monotonieverhalten *(Seite 11, Aufgabe 14 c!)*

$$\begin{aligned} f'(x) &= 4 \cdot e^{-0,5\,x^2} + 4\,x \cdot e^{-0,5\,x^2} \cdot (-2 \cdot 0,5\,x) \\ &= 4\,e^{-0,5\,x^2}(1 - x^2) \end{aligned}$$

$f'(x) = 0 \quad \Rightarrow \quad x = 1 \;\vee\; x = -1$

$f'(x) < 0 \quad$ für $-\infty < x < -1 \;\vee\; 1 < x < \infty$

$f'(x) > 0 \quad$ für $-1 < x < 1$

relative Extrema

Extremstellenverdächtig sind die Nullstellen der 1. Ableitung. Es gibt zwei Möglichkeiten des Nachweises:

Methode 1 (Vorzeichenwechsel von f'*)*:

$$\left.\begin{aligned} &f'(-\infty < x < -1) < 0 \\ &f'(-1) = 0 \\ &f'(-1 < x < 1) > 0 \end{aligned}\right\} \Rightarrow \text{Tiefpunkt in } (-1; \approx -2,4)$$

Aus Symmetriegründen folgt Hochpunkt in $(1; \approx 2,4)$

Methode 2 (mit Hilfe der 2. Ableitung):

$f'(x) = 4\,e^{-0,5\,x^2}(1 - x^2)$

$f''(x) = 4\,e^{-0,5\,x^2}(x^3 - 3\,x)$

Es gilt:

$f'(-1) = 0 \wedge f''(-1) > 0 \Rightarrow T(-1; \approx -2,4)$

Aus Symmetriegründen: $H(1; \approx 2,4)$

Wendepunkte

$$\begin{aligned} f''(x) = 0 \Rightarrow 4\,e^{-0,5\,x^2}(x^3 - 3\,x) = 0 &\Leftrightarrow x^3 - 3\,x = 0 \\ &\Leftrightarrow x\,(x^2 - 3) = 0 \\ &\Leftrightarrow x = 0 \vee x = \sqrt{3} \vee x = -\sqrt{3} \end{aligned}$$

Weiter gilt:

$$\begin{aligned} f'''(x) &= 4\,e^{-0,5\,x^2} \cdot (-x) \cdot (x^3 - 3\,x) + 4\,e^{-0,5\,x^2}(3\,x^2 - 3) \\ &= 4\,e^{-0,5\,x^2}(-x^4 + 6\,x^2 - 3) \end{aligned}$$

$f'''(0) \neq 0$; $f'''(\sqrt{3}) \neq 0$; $f'''(-\sqrt{3}) \neq 0$

Somit sind $W_1\,(0; 0)$, $W_2\,(\sqrt{3}; \approx 1,5)$, $W_3\,(-\sqrt{3}; \approx -1,5)$ Wendepunkte des Graphen G_f.

Graph G_f

Aufgrund der bisherigen Ergebnisse ergibt sich die folgende Skizze des Graphen G_f :

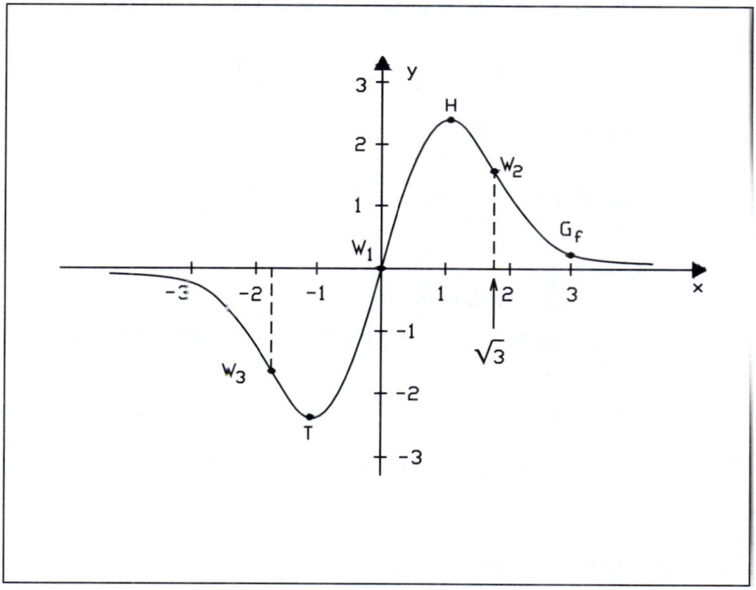

f: x $\mapsto$ $4\,x\,e^{-0{,}5\,x^2}$; x $\in \mathbb{R}$

Aufgaben

16. Definitionsbereich

Bestimmen Sie den maximal möglichen Definitionsbereich:

a) $f(x) = (x-1)\,e^{2-x}$

b) $f(x) = \dfrac{e^x}{\sqrt{x}}$

c) $f(x) = \dfrac{e^x}{e^x - 1}$

d) $f(x) = \dfrac{e^x}{e^{2x} + 1}$

e) $f_a(x) = \dfrac{a\,e^x}{a + e^x}$; $a \in \mathbb{R}^-$

f) $f_a(x) = \dfrac{e^{ax} - 2a}{e^{ax} + 2a}$; $a \in \mathbb{R}^-$

17. Symmetrieverhalten

Untersuchen Sie den Graphen der Funktion f auf Symmetrieeigenschaften:

a) $f\colon x \longmapsto 3\,e^{-x^2}$; $x \in \mathbb{R}$

b) $f\colon x \longmapsto x\,e^{x^2}$; $x \in \mathbb{R}$

c) $f\colon x \longmapsto e^{1 - 0{,}5\,x^2}$; $x \in \mathbb{R}$

18. Schnittpunkte mit den Koordinatenachsen

Untersuchen Sie den Graphen der Funktion f auf Schnittpunkte mit den Koordinatenachsen:

a) $f\colon x \longmapsto e^x\,(e^x - 2)$; $x \in \mathbb{R}$

b) $f\colon x \longmapsto -\sqrt{e}\cdot x + 2\sqrt{e}$; $x \in \mathbb{R}$

c) $f\colon x \longmapsto (1 - 2x)\,e^{-x}$; $x \in \mathbb{R}$

d) $f\colon x \longmapsto \dfrac{e^x - 2}{e^x + 1}$; $x \in \mathbb{R}$

e) $f\colon x \longmapsto 2\,\dfrac{x+1}{e^{2x}}$; $x \in \mathbb{R}$

19. Grenzwerte

Bestimmen Sie – falls vorhanden – die folgenden Grenzwerte:

a) $\lim\limits_{x \to -\infty} e^x$

b) $\lim\limits_{x \to \infty} x\,e^{1-x}$

c) $\lim\limits_{x \to -\infty} x\,e^{1-x}$

d) $\lim\limits_{x \to \infty} (1 - 2x)\,e^{-x}$

e) $\lim\limits_{x \to \infty} e^3\,(1 - e^{-x} - x\,e^{-x})$

f) $\lim\limits_{k \to \infty} [0{,}5 - e^{-2k}\,(k + 1{,}15)]$

20. Asymptoten

Untersuchen Sie das Verhalten der Funktion f für $|x| \to \infty$ und geben Sie die Gleichungen der Asymptoten des Graphen G_f an:

a) $f: x \mapsto \dfrac{2e^x}{2 - e^x}$; $x \in \mathbb{R} \setminus \{\ln 2\}$

b) $f: x \mapsto \dfrac{e^x - 2}{e^x + 1}$; $x \in \mathbb{R}$

c) $f: x \mapsto e^x (e^x - 2)$; $x \in \mathbb{R}$

21. Monotonieverhalten

Bestimmen Sie jeweils die Nullstellen der 1. Ableitung der in $\mathbb{R}$ definierten Funktion f und prüfen Sie anhand des Monotonieverhaltens, ob relative Extremwerte vorliegen und von welcher Art sie sind.

a) $f: x \mapsto 2x^2 e^{-0{,}5x}$ b) $f: x \mapsto \dfrac{0{,}5x^2 + 2}{e^{0{,}5x}}$

22. Wendepunkte

a) Zeigen Sie nur mit Hilfe der 2. Ableitung von f, daß der Graph G_f der Funktion f genau einen Wendepunkt besitzt:

$f: x \mapsto \dfrac{x + 1}{e^{2x}}$; $x \in \mathbb{R}$

b) Zeigen Sie, daß $W(1; \sqrt{e})$ ein Wendepunkt des Graphen der Funktion

$f: x \mapsto e^{1 - 0{,}5x^2}$ mit $x \in \mathbb{R}$ ist.

23. Wendetangente

a) Ermitteln Sie die Lage des Wendepunktes des Graphen von

$f: x \mapsto x \cdot e^{1 - x}$ mit $x \in \mathbb{R}$

und zeigen Sie, daß die Wendetangente durch den Punkt $(4; 0)$ geht!

b) Gegeben ist die Funktionenschar f_a: $x \mapsto (x-a)\, e^{2-\frac{x}{a}}$ mit $x \in \mathbb{R}$ und $a \in \mathbb{R}^+$.
Beweisen Sie, daß alle Wendetangenten parallel zueinander sind!

24. *Graphen*

Skizzieren Sie die Graphen von

a) $y = e^{x+2}$ b) $y = e^{-x+2}$

c) $y = -e^x$ d) $y = -e^{x+1}$

25. *Kurvendiskussion*

Untersuchen Sie die folgenden in $\mathbb{R}$ definierten Funktionen auf Nullstellen, relative Extrema und Wendestellen sowie ihr Verhalten für $|x| \to \infty$. Zeichnen Sie ihre Graphen aufgrund der erhaltenen Ergebnisse!

a) $f: x \mapsto \dfrac{x^2}{e^x}$ b) $f: x \mapsto (x - e^x)\, e^{-x}$

c) $f: x \mapsto \frac{1}{2}(2 - e^x)^2$ d) $f: x \mapsto (x+1)\, e^{-x}$

siehe Beispiel in Kapitel I.5 (Seite 10)

26. *Geometrischer Ort*

Gegeben ist die Funktionenschar

f_k: $x \mapsto x - k\, e^x$ mit $k \in \mathbb{R}^+$ und $x \in \mathbb{R}$.

Der Graph von f_k heißt G_{f_k}. Ermitteln Sie die Gleichung des geometrischen Ortes, auf dem die Tiefpunkte der Graphen G_{f_k} liegen!

7. Flächenberechnung

Die Berechnung der Flächen zwischen Funktionsgraph und x-Achse erfolgt in folgenden Schritten:

- Nullstellenbestimmung von f
- Berechnung der Teilflächen und Addition derselben

Beispiel

Welchen Inhalt hat das vom Graphen von $f: x \mapsto e - e^x;\ x \in \mathbb{R}$, der x-Achse und den Geraden $x = -1$ und $x = 1{,}5$ begrenzte Flächenstück? (siehe nebenstehende Abbildung)

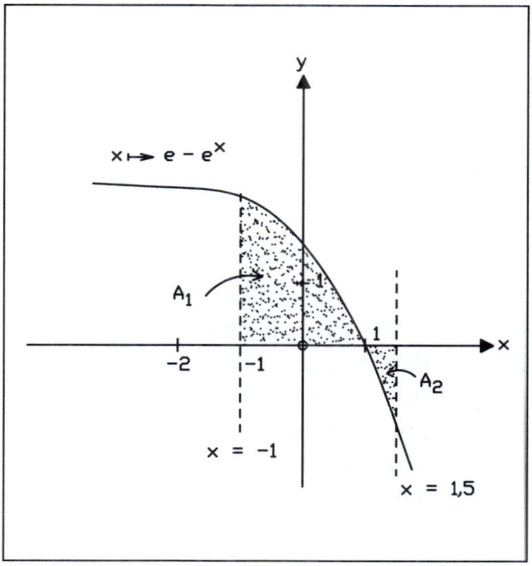

Lösung

$$f(x) = 0 \Rightarrow e - e^x = 0 \Leftrightarrow x = 1$$

$$A_1 = \int_{-1}^{1} (e - e^x)\ dx = [e\,x - e^x]_{-1}^{1} = (e - e) - \left(-e - \frac{1}{e}\right) \approx 3{,}1$$

$$A_2 = \left| \int_{1}^{1,5} (e - e^x)\ dx \right| = |\,[e\,x - e^x]_{1}^{1,5}\,| = |\,1{,}5\,e - e^{1,5}\,| = \approx 0{,}4$$

$$A = A_1 + A_2 \approx 3{,}5\ [\,FE\,]$$

Berechnung der Flächen zwischen Funktionsgraphen

- Für den Inhalt A der getönten Fläche gilt:

$$A = \int_a^b (g(x) - f(x))\,dx$$

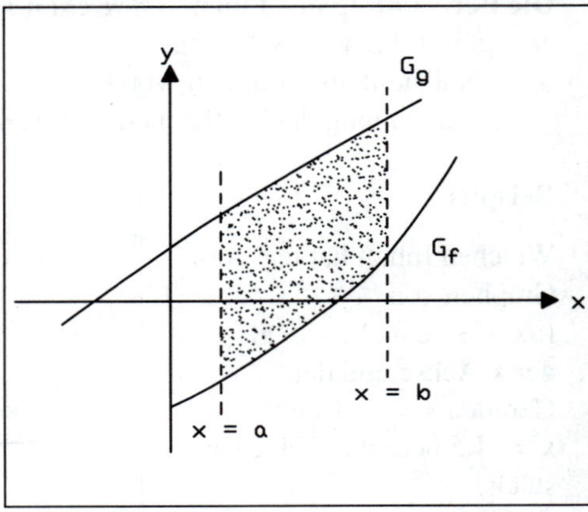

- Schneiden sich die Funktionsgraphen in dem zu betrachtenden Intervall, so wird die obige Formel abschnittsweise angewendet:

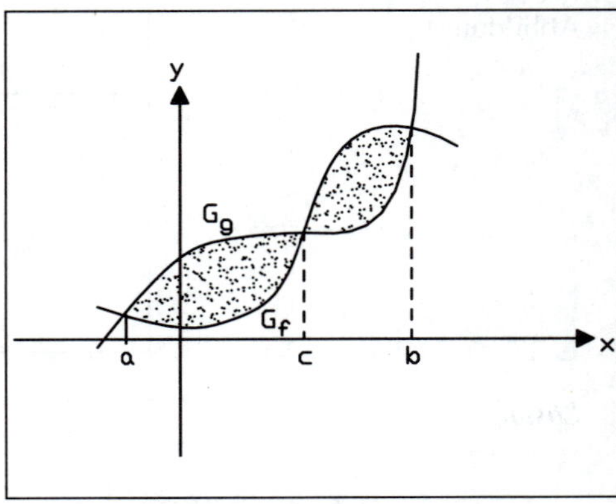

$$A = \int_a^c (g(x) - f(x))\,dx + \int_c^b (f(x) - g(x))\,dx$$

Beispiel

Ermitteln Sie den Inhalt der Fläche, die von den Graphen von

$f: x \mapsto e^{-x};\ x \in \mathbb{R}$ und $g: x \mapsto e^{0,2\,x};\quad x \in \mathbb{R}$

sowie von den Vertikalen $x = -1$ und $x = 1$ eingeschlossen wird!

Lösung

Die Graphen schneiden sich im Punkt S (0 ; 1).
Im Intervall [– 1 ; 0] ist f (x) ≧ g (x). Somit gilt:

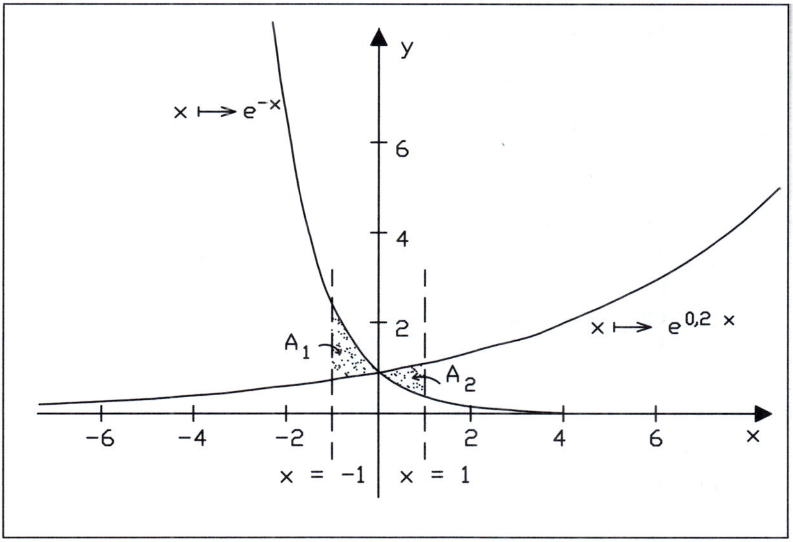

$$A_1 = \int_{-1}^{0} (e^{-x} - e^{0,2\,x})\, dx$$

$$= \left[- e^{-x} - \frac{1}{0,2}\, e^{0,2\,x}\right]_{-1}^{0} \approx 0,8$$

Im Intervall [0 ; 1] ist g (x) ≧ f (x). Somit gilt:

$$A_2 = \int_{0}^{1} (e^{0,2\,x} - e^{-x})\, dx = \left[\frac{1}{0,2}\, e^{0,2\,x} + e^{-x}\right]_{0}^{1}$$

$$= 5\, e^{0,2} + e^{-1} - (5 + 1) \approx 0,5$$

$$A = A_1 + A_2 \approx 1,3 \text{ [FE]}$$

Aufgaben

27. Fläche zwischen Graph und x-Achse

Die Abbildung zeigt den qualitativen Verlauf des Graphen von

$f\colon x \mapsto \frac{1}{2}(e^x + e^{-x})$

mit $x \in \mathbb{R}$.

Berechnen Sie den Inhalt der vom Graphen G_f der Funktion f, der x-Achse und den Geraden $x = -e$ und $x = e$ eingeschlossenen Fläche!

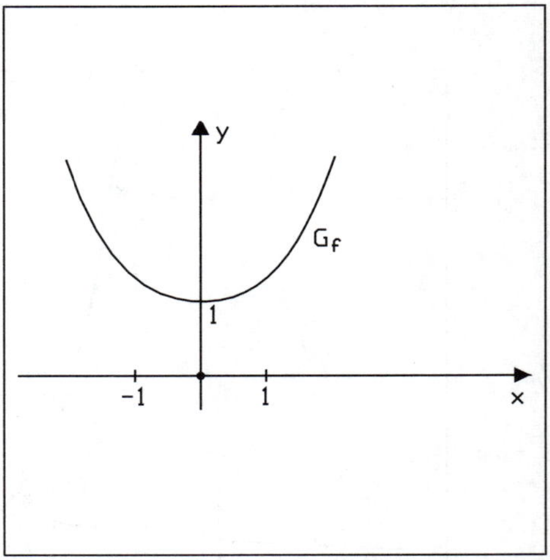

28. Fläche zwischen Funktionsgraphen

Wir beziehen uns auf die nebenstehende Abbildung. Ermitteln Sie den Inhalt des von den Graphen der Funktionen

$f\colon x \mapsto e^x$; $x \in \mathbb{R}$

und

$g\colon x \to 5 - 4\,e^{-x}$; $x \in \mathbb{R}$

eingeschlossenen Flächenstücks!

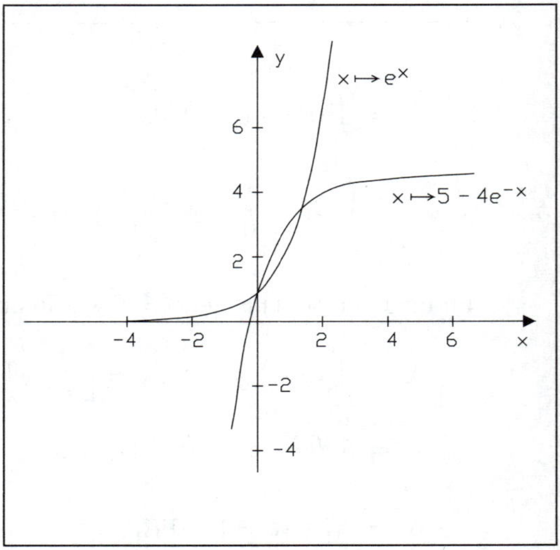

29. Fläche zwischen Funktionsgraphen über vorgegebenem Intervall

Berechnen Sie den Inhalt des zwischen den Graphen von
$f: x \mapsto e^{-x}$; $x \in \mathbb{R}$
und
$g: x \mapsto 5 - e^{-x}$; $x \in \mathbb{R}$
liegenden Flächenstücks im Intervall [0 ; 3]!

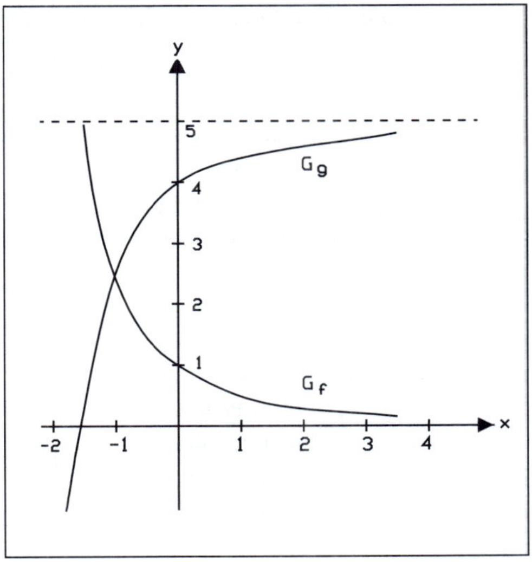

30. Fläche, die ins Unendliche reicht

Der Graph der Funktion $f: x \mapsto (x+1)\,e^{-x}$; $x \in \mathbb{R}$ umschließt mit der x-Achse und den Geraden $x = 0$ und $x = t$ mit $t > 0$ eine Fläche (siehe S. 18, Aufgabe 10 d)

a) Berechnen Sie in Abhängigkeit von t den Flächeninhalt A (t)!
Hinweis:
Eine Stammfunktion von f ist $F: x \mapsto -e^{-x}(x+2)$; $x \in \mathbb{R}$

b) Existiert $\lim\limits_{t \to \infty} A(t)$?

31. Fläche zwischen Funktionsgraph und Asymptote

Die Abbildung zeigt den qualitativen Verlauf des Graphen von

$f: x \mapsto (e^x - 2)^2$ mit $x \in \mathbb{R}$

a) Zeigen Sie, daß $y = 4$ Asymptote des Graphen G_f von f ist!

b) Berechnen Sie die Koordinaten des Punktes S!

c) Der Graph G_f, die Asymptote $y = 4$ und die Vertikale $x = -4$ umschließen ein Flächenstück. Ermitteln Sie dessen Inhalt auf 2 D genau!

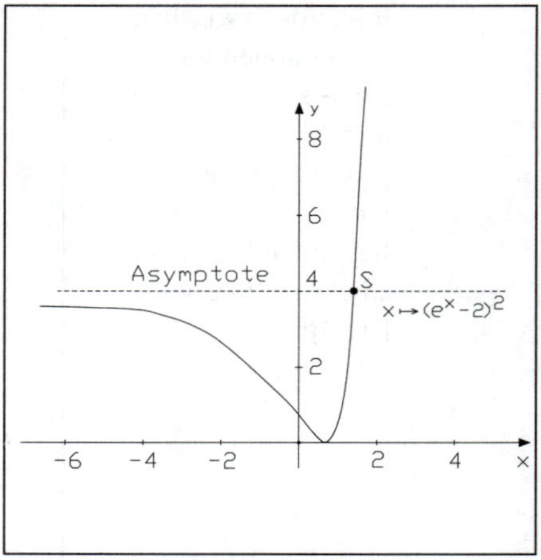

32. Integralfunktion

Die Abbildung zeigt den Graphen der Funktion $f: x \mapsto x\,e^{1-x}$ mit $x \in \mathbb{R}$.

a) Zeigen Sie, daß $F: x \mapsto -e^{1-x} - x\,e^{1-x}$; $x \in \mathbb{R}$ eine Stammfunktion von f ist!

b) Bestimmen Sie für $k \in \mathbb{R}$ eine integralfreie Darstellung von

$$I(k) = \int_{-1}^{k} f(x)\,dx.$$

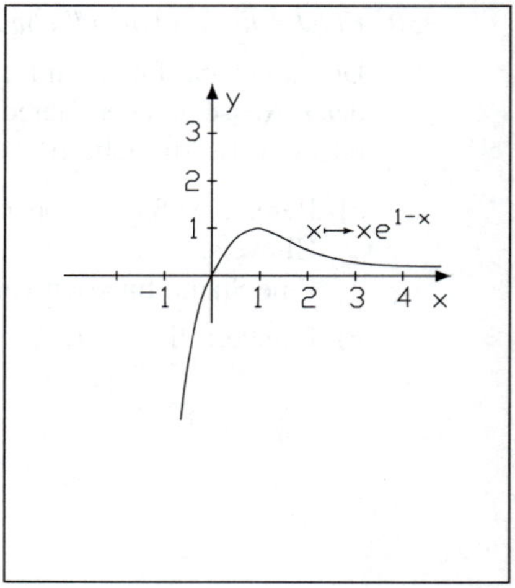

c) Zeigen Sie, daß $\lim\limits_{k \to \infty} I(k) = 0$ ist!
Deuten Sie das Ergebnis geometrisch.

33. Fläche zwischen Funktionsgraph und x-Achse

Bilden Sie die 1. Ableitung von $f(x) = e^{1-0{,}5x^2}$ und berechnen Sie den Inhalt des Flächenstücks, das vom Graphen von f ', der x-Achse und der Geraden $x = 1$ eingeschlossen wird!

34. Kurvenschar

Gegeben ist die Funktionenschar

$f_a: x \mapsto 2 \cdot e^{-ax}$ mit $a > 0$ und $x \in \mathbb{R}$.

Der Graph von f_a heißt G_{fa}.

a) Zeichnen Sie den Graphen der Funktion f_1!

b) Wie muß der Parameter a gewählt werden, damit die im I. Quadranten liegende Fläche zwischen dem Graphen G_{fa} und der x-Achse den Flächeninhalt 3 [FE] hat?

35. Fläche zwischen Funktionsgraphen und x-Achse

Gegeben ist die Funktion

$f: x \mapsto 2e^x - e^{2x}$ mit $x \in \mathbb{R}$.

a) Untersuchen Sie die Funktion f auf Nullstellen, relative Extrema, Wendestellen und ihr Verhalten für $|x| \to \infty$!

b) Skizzieren Sie den Graphen von f!

c) Berechnen Sie den Inhalt der Fläche, die der Graph von f im I. Quadranten mit der Parabel $y = -x^2 + 1$ und der x-Achse einschließt!

II. Natürliche Logarithmusfunktionen

1. Grundwissen

Die Umkehrfunktion der e-Funktion ist die ln-Funktion.

$f\colon\ x \mapsto \ln x\,;\quad x \in \mathbb{R}^+$

$f'\colon\ x \mapsto \dfrac{1}{x}\,;\quad x \in \mathbb{R}^+$

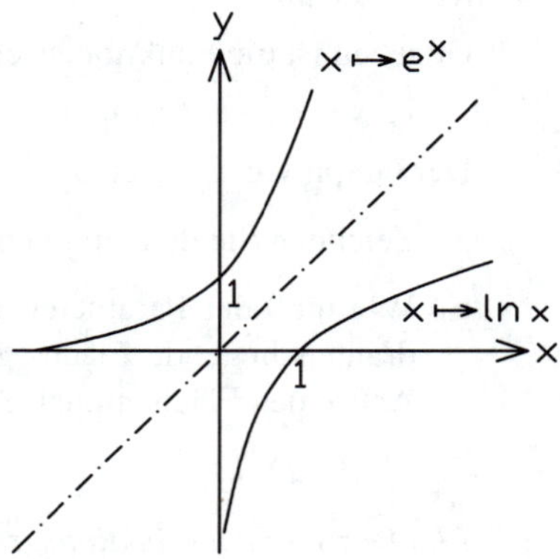

$\lim\limits_{x \to 0+} \ln x = -\infty\,;$

$\lim\limits_{x \to \infty} \ln x = \infty$

$\ln(x \cdot y) = \ln x + \ln y\,;\quad x, y \in \mathbb{R}^+$

$\ln \dfrac{x}{y} = \ln x - \ln y\,;\quad x, y \in \mathbb{R}^+$

$\ln x = a \iff x = e^a$

$\ln 1 = 0$

Beispiele für Funktionsgraphen

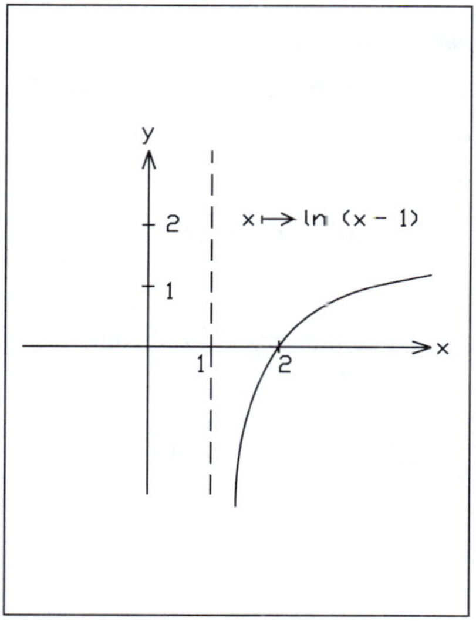

Die Gerade x = 1 ist Asymptote.

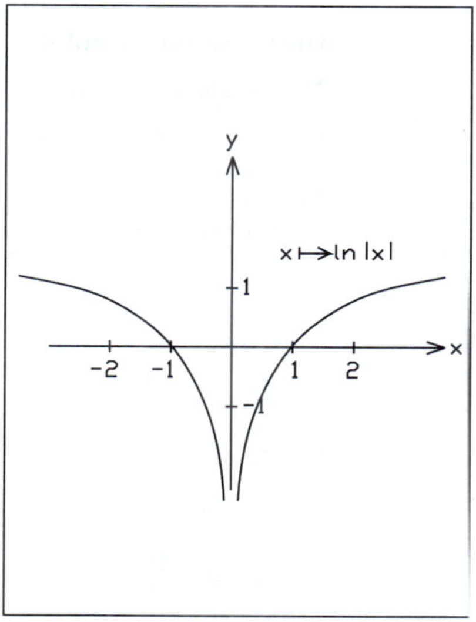

Die y-Achse ist Asymptote und Symmetrieachse zugleich.

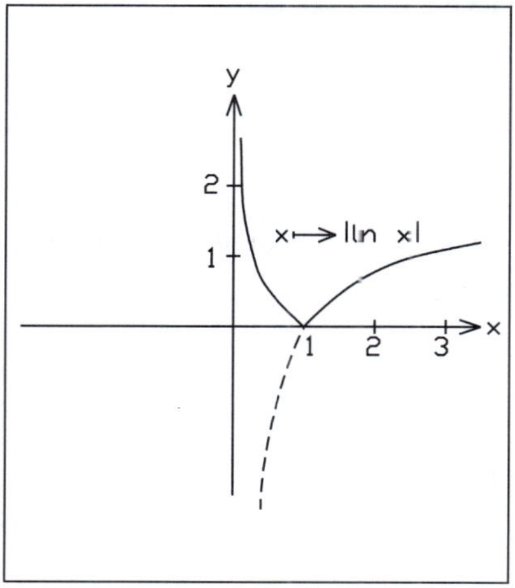

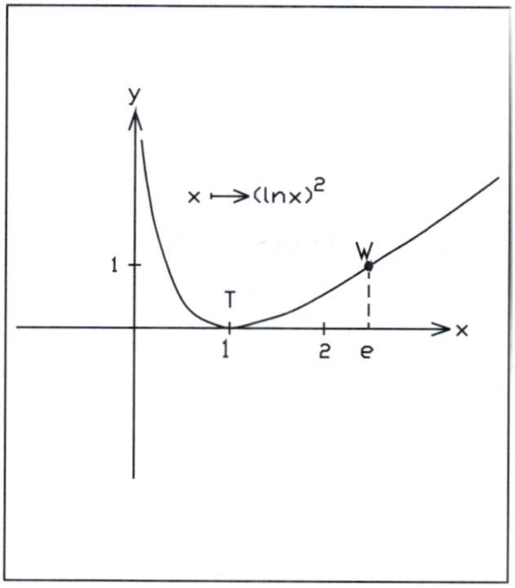

Tiefpunkt in T (1 ; 0), Wendepunkt in W (e ; 1)

Aufgaben

36. **Die ln-Funktion auf dem Taschenrechner**

Natürliche Logarithmen können auf dem Taschenrechner direkt mit Hilfe der Taste [ln x] berechnet werden.

Beispiel:

Den Wert $\ln 5 \approx 1{,}609$ erhält man mit der Tastenfolge:

[5] [ln x]

a) Berechnen Sie auf dem Taschenrechner auf Tausendstel:

(1) $\ln 0{,}042$ (2) $\ln \frac{10}{117}$

b) Berechnen Sie auf dem Taschenrechner auf Hundertstel:

(1) $\ln (1 + e^2)$

(2) $\ln \frac{\sqrt{\ln 3}}{2}$

37. Skizzieren Sie die Graphen folgender Funktionen:

a) $f: x \mapsto \ln (x + 1) \, ; \, x \in \,]-1 \, ; \, \infty[$

b) $f: x \mapsto 1 + \ln x \, ; \, x \in \,]0 \, ; \, \infty[$

38. Ordnen Sie dem Graphen den entsprechenden Funktionsterm zu:

☐ $f(x) = -1 + \ln x^2$

☐ $f(x) = \ln \left| \frac{1}{2} x + 1 \right|$

☐ $f(x) = \ln \left| \ln \left(\frac{1}{2} x + 1 \right) \right|$

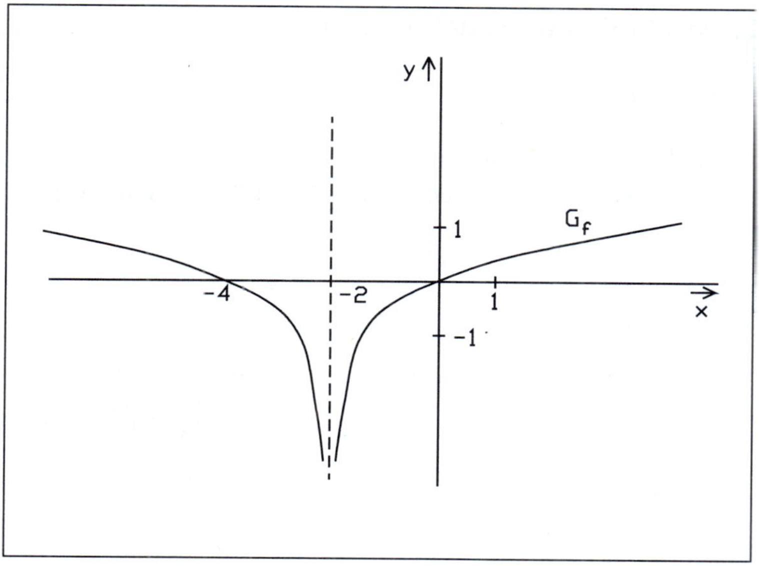

Nullstellen: – 4 ; 0
Die Gerade x = – 2 ist Asymptote und Symmetrieachse zugleich.

2. Algebraische Grundübungen

Beispiele

1. Anwendung der Rechenregeln

Fassen Sie zu einem einzigen Logarithmus zusammen:

$$2 \ln \frac{1}{4} - \ln 2$$

Lösung

$$\begin{aligned} 2 \ln \frac{1}{4} - \ln 2 &= 2(\ln 1 - \ln 4) - \ln 2 = 2(-\ln 4) - \ln 2 \\ &= 2(-\ln 2^2) - \ln 2 = 2(-2 \ln 2) - \ln 2 \\ &= -4 \ln 2 - \ln 2 = -5 \ln 2 \end{aligned}$$

2. Anwendung der Logarithmusgesetze auf Logarithmusgleichungen

Ermitteln Sie die Lösungsmenge der Gleichung

$$2 \ln x - (\ln x)^2 = 0$$

in der Grundmenge $G = \mathbb{R}^+$!

Lösung

Wir klammern ln x aus und wenden die Regel an, daß ein Produkt null wird, wenn mindestens einer seiner Faktoren null ist:

$$\begin{aligned} & \ln x (2 - \ln x) = 0 \\ \Leftrightarrow \quad & \ln x = 0 \quad \vee \quad 2 - \ln x = 0 \\ \Leftrightarrow \quad & x = 1 \quad \Leftrightarrow \ln x = 2 \\ & \qquad\qquad \Leftrightarrow x = e^2 \end{aligned}$$

Also: $L = \{1 ; e^2\}$

Aufgaben

39. Gegeben ist der Funktionsterm $f(x) = \ln \frac{x}{4-x}$.
Berechnen Sie mit dem Taschenrechner auf Hundertstel genau f (0,5) und f (1).

40. Fassen Sie zu einem einzigen Logarithmus zusammen:
a) $\frac{1}{3} \ln 27 - \ln 3 + \frac{1}{2} \ln 64 - 2 \ln 2^2$
b) $2 \ln 1 - 4 \ln 2 + \ln \frac{1}{3} + 4 \ln 3$

41. Berechnen Sie:
a) $(\ln e^2)^2 - \ln \sqrt{e} + \sqrt{\ln e}$
b) $\ln e^{-1} - \ln 2e + \ln 2$
c) $-4e + 2e \ln e^2 + 4 - 2 \ln e$
d) $e^{2 \cdot \ln e} - e^{\ln \sqrt{e}}$

42. Ermitteln Sie die Lösungsmenge:
a) $\ln x^2 = 2$; $x \in \mathbb{R} \setminus \{0\}$
b) $2 \ln x = 1$; $x \in \mathbb{R}^+$
c) $(\ln x + 1)^2 = 2$; $x \in \mathbb{R}^+$
d) $x \ln x = x$; $x \in \mathbb{R}^+$
e) $2 \ln x - (\ln x)^2 = 0$; $x \in \mathbb{R}^+$
f) $\ln 2x = \frac{1}{2}$; $x \in \mathbb{R}^+$
g) $2 + 2 \ln x = 0$; $x \in \mathbb{R}^+$
h) $1 - \ln |x| = 0$; $x \in \mathbb{R} \setminus \{0\}$

43. Ermitteln Sie die Nullstellen:
a) $y = \frac{1}{2} \ln (x-2)$
b) $y = \ln (x^2 - 1)$

3. Differenzieren mit der Kettenregel, Quotientenregel und Produktregel

Beispiele

1. Ermitteln Sie die 1. Abteilung von $f(x) = \ln(x^2 + 5)$!

Lösung

Wir wenden die **Kettenregel** an (siehe I.3). Danach gilt:

$$u(x) = x^2 + 5 \quad \Rightarrow \quad u'(x) = 2x \quad \text{innere Funktion mit Ableitung}$$

$$v(t) = \ln t \quad \Rightarrow \quad v'(t) = \frac{1}{t} \quad \text{äußere Funktion mit Ableitung}$$

Daraus folgt:

$$f'(x) = \frac{1}{x^2 + 5} \cdot 2x$$

$$f'(x) = \frac{2x}{x^2 + 5}$$

2. Ermitteln Sie die 1. Ableitung von $f(x) = x \ln \frac{1}{x}$!

Lösung

Wir erhalten mit der

Produktregel

$$f'(x) = x \cdot \underbrace{\left(\ln \frac{1}{x}\right)'}_{\textbf{Kettenregel}} + 1 \cdot \ln \frac{1}{x} = x \cdot \left(-\frac{1}{x}\right) + \ln \frac{1}{x} = -1 + \ln \frac{1}{x}$$

Kettenregel

$$\left(\ln \frac{1}{x}\right)' = \frac{1}{\frac{1}{x}} \cdot \left(-\frac{1}{x^2}\right) = -\frac{x}{x^2} = -\frac{1}{x}$$

3. Ermitteln Sie die 1. Ableitung von $f(x) = \frac{1 + \ln x}{1 - \ln x}$!

Lösung

Zählerterm: $u(x) = 1 + \ln x \Rightarrow u'(x) = \frac{1}{x}$

Nennerterm: $v(x) = 1 - \ln x \Rightarrow v'(x) = -\frac{1}{x}$

Die **Quotientenregel** liefert nun:

$$f'(x) = \frac{u'(x) \cdot v(x) - u(x)\, v'(x)}{(v(x))^2}$$

$$= \frac{\frac{1}{x} \cdot (1 - \ln x) - (1 + \ln x) \cdot \left(-\frac{1}{x}\right)}{(1 - \ln x)^2}$$

$$= \frac{\frac{1}{x}(1 - \ln x + 1 + \ln x)}{(1 - \ln x)^2} = \frac{2}{x\,(1 - \ln x)^2}$$

4. Ermitteln Sie die 1. Ableitung von $f(x) = \ln \ln \sqrt{x}$!

Lösung

Wir wenden die **Kettenregel** an (siehe I.3). Danach gilt:

$$u(x) = \ln \sqrt{x} \Rightarrow u'(x) = \frac{1}{\sqrt{x}} \cdot \underbrace{\frac{1}{2\sqrt{x}}}_{\textbf{nachdifferenzieren}} = \frac{1}{2x}$$ innere Funktion mit Ableitung

$$v(t) = \ln t \Rightarrow v'(t) = \frac{1}{t}$$ äußere Funktion mit Ableitung

Daraus folgt:

$$f'(x) = \frac{1}{\ln \sqrt{x}} \cdot \frac{1}{2x} = \frac{1}{2x \ln \sqrt{x}}$$

Aufgaben

44. Ermitteln Sie die 1. Ableitung:

a) $f(x) = \ln \frac{x}{2}$

b) $f(x) = \ln \frac{1}{x}$

c) $f(x) = 2 \ln \left(\frac{1}{x}\right)^2$

d) $f(x) = \ln (x^2 + 2x)$

e) $f(x) = \frac{\ln x}{x}$

f) $f(x) = \frac{\ln x^2}{x}$

g) $f(x) = \sqrt{x} \cdot \ln x$

h) $f(x) = x(-2 + \ln x)$

i) $f(x) = \ln |2x|$

j) $f(x) = (\ln x)^2 - x \cdot \ln x$

45. Gegeben ist die Funktion $f: x \mapsto (\ln x)^2; \quad x \in \mathbb{R}^+$.

a) Ermitteln Sie die 1. und die 2. Ableitung von f!

b) Berechnen Sie f '(1) und f ''(1). Was bedeuten die Ergebnisse für den Graph der Funktion f?

46. Ermitteln Sie die 1. Ableitung:

a) $f(x) = \ln \ln x$

b) $f(x) = x \ln \sqrt{x}$

c) $f(x) = \sqrt{\ln x} - \ln \sqrt{x}$

d) $f(x) = \ln \frac{1}{(1 - e^x)^2}$

47. Differenzieren Sie:

a) $f_k(x) = \ln \frac{2x - k}{3x}$

b) $f_k(x) = \frac{x}{2} - \ln \left(k - e^{\frac{x}{2}}\right)$

4. Monotonieverhalten

Eine Funktion f heißt über dem Intervall I streng monoton
– wachsend, wenn für alle $x \in I$ gilt $f'(x) > 0$,
– abnehmend, wenn für alle $x \in I$ gilt $f'(x) < 0$.

Beispiele

1. Untersuchen Sie das Monotonieverhalten der Funktion
   $f: x \mapsto (\ln x)^2 ; \quad x \in \mathbb{R}^+$!

Lösung

Wir bilden die 1. Ableitung:

$$f'(x) = 2 (\ln x) \cdot \underset{\substack{\uparrow \\ \textbf{nachdifferenzieren}}}{\frac{1}{x}} ; \quad x \in \mathbb{R}^+$$

Wir berechnen die Nullstellen der 1. Ableitung:

$$f'(x) = 0 \quad \Rightarrow \quad 2 (\ln x) \cdot \frac{1}{x} = 0 \quad \Leftrightarrow \quad \ln x = 0 \quad \Leftrightarrow \quad x = 1$$

Durch die Nullstelle $x = 1$ wird der Definitionsbereich $[0 ; \infty]$ in zwei Teilbereiche unterteilt, in denen $f'(x)$ jeweils einheitliches Vorzeichen hat:

Bereich	Aussage über f'(x)	Monotonieaussage
$0 < x < 1$	$f'(x) < 0$	f streng monoton abnehmend
$1 < x < \infty$	$f'(x) > 0$	f streng monoton zunehmend

Anmerkung
Die Vorzeichenaussage über $f'(x)$ in den Intervallen $]0 ; 1[$ und $]1 ; \infty[$ ergibt sich aus den Ungleichungen

$$f'(x) < 0 \quad \Rightarrow \quad 2 (\ln x) \cdot \frac{1}{x} < 0 \quad \Leftrightarrow \quad \ln x < 0 \quad \Leftrightarrow \quad 0 < x < 1$$

$$f'(x) > 0 \quad \Rightarrow \quad 2 (\ln x) \cdot \frac{1}{x} > 0 \quad \Leftrightarrow \quad \ln x > 0 \quad \Leftrightarrow \quad 1 < x < \infty$$

Hinweis
Auf Seite 27 ist der Graph der Funktion $f: x \mapsto (\ln x)^2; \; x \in \mathbb{R}^+$ abgebildet.

2. Untersuchen Sie das Monotonieverhalten der Funktion

$f: x \mapsto x(\ln x)^2; \quad x \in \mathbb{R}^+$!

Lösung

Wir bilden die 1. Ableitung:

$$f'(x) = x \cdot (2 \ln x) \cdot \underset{\substack{\uparrow \\ \textbf{nachdifferenzieren}}}{\frac{1}{x}} + 1 \cdot (\ln x)^2 = 2 \ln x + (\ln x)^2$$

Wir berechnen die Nullstellen der 1. Ableitung:

$$f'(x) = 0 \Rightarrow 2 \ln x + (\ln x)^2 = 0$$

$$\Leftrightarrow \ln x\,(2 + \ln x) = 0 \Leftrightarrow \ln x = 0 \vee 2 + \ln x = 0$$

$$x = 1 \qquad \ln x = -2$$

$$x = e^{-2}$$

Durch die Nullstellen $x = 1$ und $x = e^{-2}$ wird der Definitionsbereich $]0\,;\infty[$ in drei Teilbereiche unterteilt, in denen $f'(x)$ jeweils einheitliches Vorzeichen hat:

Bereich	Aussage über f'(x)	Monotonieaussage
$0 < x < e^{-2}$	$f'(x) > 0$	f streng monoton wachsend
$e^{-2} < x < 1$	$f'(x) < 0$	f streng monoton abnehmend
$1 < x < \infty$	$f'(x) > 0$	f streng monoton wachsend

Anmerkung

Die Vorzeichenaussage über $f'(x)$ in den Intervallen

$]0\,; e^{-2}[\,,\ ]e^{-2}\,; 1[\,,\ ]1\,; \infty[$

ist jeweils durch ein Zahlenbeispiel möglich. Also zum Beispiel:

$f'(0{,}5) = 2 \ln 0{,}5 + (\ln 0{,}5)^2 \approx -0{,}9 \quad \Rightarrow \quad f'(x) < 0$ für $x \in\ ]e^{-2}\,; 1[$

Hinweis

Auf Seite 37 ist der Graph der Funktion $f: x \mapsto x(\ln x)^2;\ x \in \mathbb{R}^+$ abgebildet.

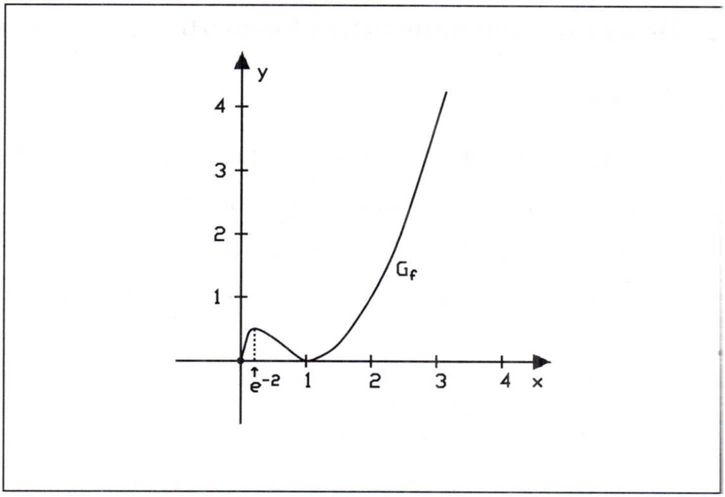

f: $x \mapsto x\,(\ln x)^2$; $x \in \mathbb{R}^+$

Aufgaben

48. Stellen Sie mit Hilfe der 1. Ableitung fest, in welchen Teilbereichen von $\mathbb{D}_f$ die Funktion f streng monoton zunimmt bzw. streng monoton abnimmt:

a) f: $x \mapsto x\,(2 - \ln x)$; $\mathbb{D}_f =]0\,;\infty[$

b) f: $x \mapsto \ln \frac{x}{4-x}$; $\mathbb{D}_f =]0\,;4[$

c) f: $x \mapsto \ln(1 - x^2)$; $\mathbb{D}_f =]-1\,;1[$

5. Diskussion von natürlichen Logarithmusfunktionen

Beispiel

Gegeben ist die Funktion f: $x \mapsto (\ln x)^2 - \ln x^2$ mit $x \in \mathbb{D}_f$.

a) Geben Sie den maximalen Definitionsbereich $\mathbb{D}_f$ von f an!

b) Bestimmen Sie die Nullstellen von f!

c) Untersuchen Sie das Verhalten von f (x) an den Grenzen des Definitionsbereichs!

d) Bilden Sie die 1. Ableitung f '(x). Untersuchen Sie das Monotonieverhalten von f und geben Sie Art und Lage des Extremums an. Welche Wertemenge hat f?

e) Zeigen Sie, daß bei $x = e^2$ die 2. Ableitung f "(x) das Vorzeichen wechselt! Was bedeutet dies für den Graphen von f?

f) Berechnen sie die Steigung von G_f in den Schnittpunkten mit der x-Achse!

g) Zeichnen Sie G_f im Bereich $0 < x \leqq 10$ unter Berücksichtigung aller bisherigen Ergebnisse!

Lösung

a) **Definitionsbereich**

$$\mathbb{D}_f = \mathbb{R}^+$$

b) **Nullstellen**

$$\begin{aligned} & (\ln x)^2 - \ln x^2 = 0 \text{ mit } x \in \mathbb{R}^+ \\ \Leftrightarrow\; & (\ln x)^2 - 2 \ln x = 0 \\ \Leftrightarrow\; & \ln x (\ln x - 2) = 0 \\ \Leftrightarrow\; & \ln x = 0 \;\vee\; \ln x - 2 = 0 \\ & x = 1 \qquad \ln x = 2 \\ & \qquad\qquad x = e^2 \end{aligned}$$

Nullstellen: 1 ; e^2

c) **Grenzwerte**

$$\lim_{x \to 0} [(\ln x)^2 - \ln x^2] = \lim_{x \to 0} [(\ln x)^2 - 2 \ln x] =$$

$$= \lim_{x \to 0} [\ln x (\ln x - 2)] = \infty$$

$$\lim_{x \to \infty} [(\ln x)^2 - \ln x^2] = \lim_{x \to \infty} [\ln x (\ln x - 2)] = \infty$$

d) **Monotonieverhalten, Extrempunkte, Wertebereich**

$$f'(x) = 2 (\ln x) \cdot \frac{1}{x} - \frac{1}{x^2} 2x = \frac{2}{x} (\ln x - 1)$$

$$f'(x) = 0 \Rightarrow \frac{2}{x} (\ln x - 1) = 0 \Leftrightarrow \ln x - 1 = 0$$

$$\ln x = 1$$

$$x = e$$

Die Nullstelle $x = e$ teilt den Definitionsbereich $\mathbb{D}_f = \mathbb{R}^+$ in die Teilbereiche $]0 ; e[$ und $]e ; \infty[$, in denen $f'(x)$ jeweils einheitliches Vorzeichen hat.

$$f'(x) = \frac{2}{x} (\ln x - 1)$$

Da $\frac{2}{x} > 0$ für alle $x \in \mathbb{R}^+$, so hängt das Vorzeichen von $f'(x)$ vom Term $(\ln x - 1)$ ab.

Es gilt:

$\ln x - 1 < 0$ für $0 < x < e \Rightarrow f'(0 < x < e) < 0$

$\ln x - 1 > 0$ für $e < x < \infty \Rightarrow f'(e < x < \infty) > 0$

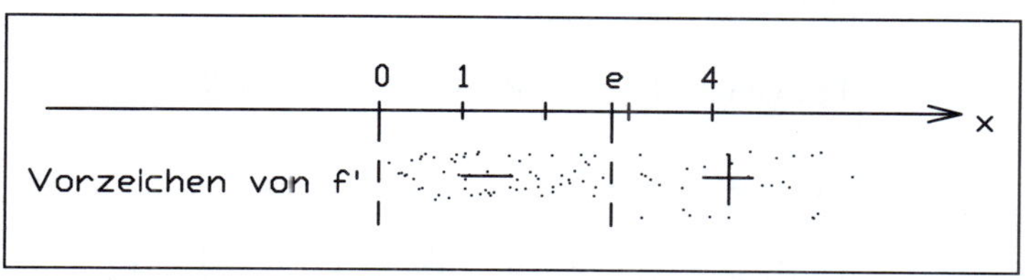

Extremstellenverdächtig ist die Nullstelle der 1. Ableitung.

Es gilt:

$$\left.\begin{array}{ll} f'(0 < x < e) & < 0 \\ f'(e) & = 0 \\ f'(e < x < \infty) & > 0 \end{array}\right\} \Rightarrow \text{Tiefpunkt in } (e; -1)$$

Nebenrechnung: $f(e) = (\ln e)^2 - \ln e^2 = 1^2 - 2\ln e = 1 - 2 = -1$

Aus dem Monotonieverhalten folgt, daß $(e\,;\,-1)$ absoluter Tiefpunkt des Graphen G_f ist. Also:

$$W_f = [-1\,;\,\infty[$$

e) **Wendepunkte**

$$f'(x) = \frac{2}{x}(\ln x - 1) = 2x^{-1}(\ln x - 1)$$

$$f''(x) = -2x^{-2}(\ln x - 1) + 2x^{-1}\cdot\frac{1}{x}$$

$$= -2x^{-2}(\ln x - 1) + 2x^{-2}$$

$$= -2x^{-2}[(\ln x - 1) - 1] = -2x^{-2}(\ln x - 2)$$

$$f''(x) = 0 \Rightarrow \ln x - 2 = 0 \Leftrightarrow \ln x = 2 \Leftrightarrow x = e^2$$

Wir untersuchen das Vorzeichen von $f''(x)$ in der Umgebung der Stelle $x = e^2$:

$$f''(x) = \underbrace{\frac{-2}{x^2}}_{<\,0 \text{ für alle } x \in \mathbb{R}^+}(\ln x - 2)$$

Es gilt:

- $\ln x - 2 > 0$ in einer rechtsseitigen Umgebung von $x = e^2$
  $\Rightarrow f''(x) < 0$ für $x > e^2$
- $\ln x - 2 < 0$ in einer linksseitigen Umgebung von $x = e^2$
  $\Rightarrow f''(x) > 0$ für $0 < x < e^2$

Der Graph G_f hat im Punkt $(e^2\,;\,0)$ einen Wendepunkt.

f) $f'(1) = \frac{2}{1}(\ln 1 - 1) = 2(0 - 1) = -2$

$f'(e^2) = \frac{2}{e^2}(\ln e^2 - 1) = \frac{2}{e^2}(2 - 1) = \frac{2}{e^2} \approx 0{,}27$

g) **Graph**

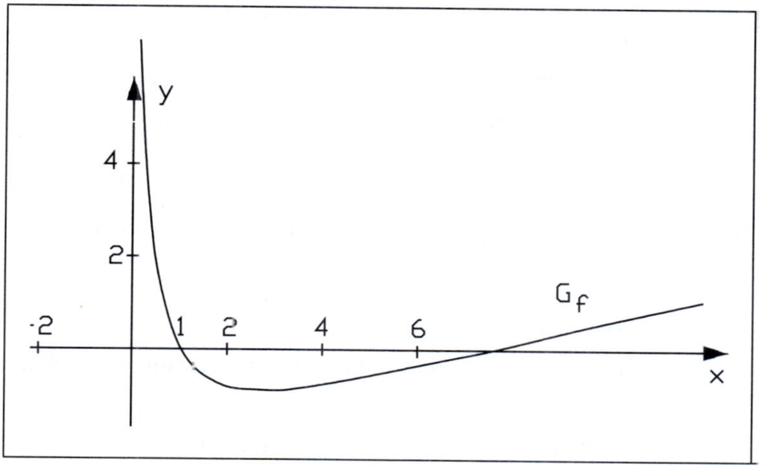

f: $x \mapsto (\ln x)^2 - \ln x^2$; $x \in \mathbb{R}^+$

Aufgaben

49. Definitionsbereich

Bestimmen Sie den maximal möglichen Definitionsbereich:

a) $f(x) = \ln\left(\frac{1}{2}x - 1\right)$ b) $f(x) = \ln(x^2 - 1)$

c) $f(x) = \ln\frac{1}{x}$ d) $f(x) = \ln|x - 1|$

e) $f(x) = \frac{1 + \ln x}{1 - \ln x}$ f) $f(x) = \frac{1}{x} + \ln(x + 1)$

50. Symmetrieverhalten

Untersuchen Sie den Graphen der Funktion f auf Symmetrieeigenschaften:

a) $f\colon x \mapsto \frac{\ln x^2}{x}; \quad x \in \mathbb{R}\setminus\{0\}$

b) $f\colon x \mapsto 1 - x^2 - \ln|x|; \quad x \in \mathbb{R}\setminus\{0\}$

51. Schnittpunkte mit den Koordinatenachsen

Untersuchen Sie den Graphen der Funktion f auf Schnittpunkte mit den Koordinatenachsen:

a) $f\colon x \mapsto -2 + \ln(x + 1); \quad x \in \mathbb{R}\setminus\{-1\}$

b) $f\colon x \mapsto -x + \ln(x + 2); \quad x \in\ ]-2; \infty[$

52. Grenzwerte

Bestimmen Sie – falls vorhanden – die folgenden Grenzwerte:

a) $\lim\limits_{x \to -\infty} \ln(1 + e^x)$ b) $\lim\limits_{x \to \infty} \ln(1 + e^x)$

c) $\lim\limits_{x \to \infty} \ln\frac{e^x}{1 + e^x}$ d) $\lim\limits_{x \to -\infty} \ln\frac{e^x}{1 + e^x}$

53. Asymptoten

Untersuchen Sie die Graphen der folgenden Funktionen auf vertikale bzw. horizontale Asymptoten:

a) $f: x \mapsto \ln|4 - x^2|; \quad x \in \mathbb{R} \setminus \{2; -2\}$

b) $f: x \mapsto \ln(1 + e^x) - x; \; x \in \mathbb{R}$

54. Wendepunkte

a) Zeigen Sie nur mit Hilfe der 2. Ableitung f", daß der Graph der Funktion $f: x \mapsto x(\ln x)^2$, $x \in \mathbb{R}^+$ genau einen Wendepunkt besitzt!

b) Der Graph der Funktion $f: x \mapsto 1 - x^2 - \ln|x|$ mit $x \in \mathbb{R} \setminus \{0\}$ hat genau zwei Wendepunkte. Ermitteln Sie deren Koordinaten.

55. Kurvendiskussion

Untersuchen Sie die Graphen der folgenden Funktionen auf Symmetrieverhalten, gemeinsame Punkte mit den Koordinatenachsen, Monotonieverhalten, Extrempunkte, Wendepunkte und Asymptoten! Skizzieren Sie die Graphen.

a) $f: x \mapsto \dfrac{\ln x^2}{x}; \quad x \in \mathbb{R} \setminus \{0\}$

b) $f: x \mapsto \ln\dfrac{1}{x}; \quad x \in \mathbb{R}^+$

56. Tangente durch einen vorgegebenen Punkt

Gegeben ist die Funktion $f: x \mapsto \ln x$ mit $x > 0$. Welche der Tangenten an den Graphen von f verläuft durch den Koordinatensprung?

57. Extremwertaufgabe

Gegeben ist die Funktion $f: x \mapsto \ln\frac{1}{x}$ mit $x > 0$ (siehe oben Aufgabe 55 b). Welches Rechteck mit achsenparallelen Seiten zwischen dem Graphen von f und den Koordinatenachsen im I. Quadranten hat maximalen Flächeninhalt?

6. Flächenberechnung

Siehe Kapitel I.7, Seite 19–21!

Beispiel

Berechnen Sie den Inhalt des Flächenstücks, das der Graph in der nebenstehenden Abbildung mit der x-Achse und der Geraden $x = e$ einschließt.

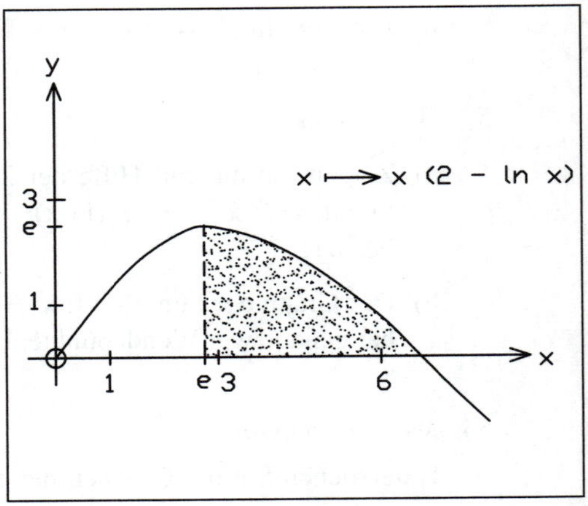

Hinweis:

$F: x \mapsto x^2 \left(\frac{\ln x}{2} - \frac{1}{4}\right)$; $x > 0$ ist eine Stammfunktion von $f: x \mapsto x \ln x$; $x > 0$

Lösung

Wir berechnen den Schnittpunkt des Graphen mit der x-Achse:

$$\begin{aligned} & x(2 - \ln x) = 0; \quad x > 0 \\ \Leftrightarrow \quad & 2 - \ln x = 0 \\ \Leftrightarrow \quad & x = e^2 \end{aligned}$$

Für den Flächeninhalt gilt dann:

$$A = \int_e^{e^2} (2x - x \ln x)\, dx = \left[x^2 - x^2\left(\frac{\ln x}{2} - \frac{1}{4}\right)\right]_e^{e^2}$$

$$= \left[\frac{5}{4}x^2 - x^2 \frac{\ln x}{2}\right]_e^{e^2} = \frac{5}{4}e^4 - e^4 \frac{2 \ln e}{2} - \left(\frac{5}{4}e^2 - e^2 \cdot \frac{1}{2}\right)$$

$$= \frac{1}{4}e^4 - \frac{3}{4}e^2 = \frac{1}{4}(e^4 - 3e^2) \approx 8{,}1 \text{ [FE]}$$

Aufgaben

58. Die Abbildung zeigt den qualitativen Verlauf des Graphen der Funktion f: $x \mapsto 0{,}5\,(\ln x)^2$ mit $x > 0$.

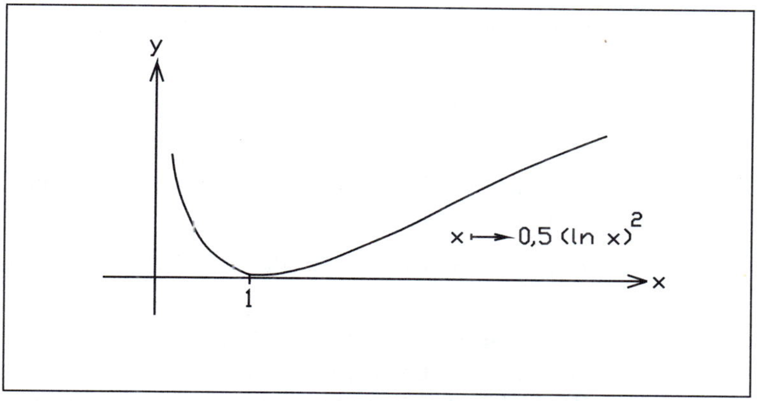

a) Übertragen Sie diese Abbildung in Ihr Heft und skizzieren Sie in dasselbe Koordinatensystem den Graphen der Funktion
g: $x \mapsto \ln x$ mit $x > 0$!

b) Weisen Sie nach, daß
F: $x \mapsto -2\,x \ln x + x\,(\ln x)^2 + 2\,x$ mit $x > 0$
eine Stammfunktion von f ist!

c) Berechnen Sie den Inhalt des Flächenstücks, das die Graphen der Funktionen f und g im I. Quadranten miteinander einschließen.

59. Gegeben ist die Funktion f: $x \mapsto x + x \ln x$; $x \in \mathbb{R}^+$.

a) Diskutieren Sie die Funktion f und skizzieren Sie den Graphen G_f!

b) Berechnen Sie den Inhalt des Flächenstücks, das von G_f und den Geraden $y = 0$, $x = 1$ und $x = 3$ begrenzt wird!
Hinweis: siehe Beispiel auf Seite 44!

60. Gegeben sind die in $\mathbb{R}^+$ definierten Funktionen

$$f: x \mapsto \frac{\ln x}{x} \quad \text{und} \quad g: x \mapsto \ln x.$$

Ihre Graphen heißen G_f bzw. G_g.

a) Untersuchen Sie G_f auf Achsenschnittpunkte, Extrem- und Wendepunkte!

b) Bestimmen Sie die Koordinaten des Berührpunktes von G_f und G_g!

c) Zeichnen Sie G_f und G_g für $0{,}5 \leqq x \leqq 5$ in ein gemeinsames Koordinatensystem!

d) Zeigen Sie, daß $F: x \mapsto 0{,}5\,(\ln x)^2$ eine Stammfunktion von f ist.

e) Berechnen Sie den Inhalt des Flächenstücks, das von G_f und den Geraden $y = 0$, $x = e$ begrenzt wird!
Zeigen Sie, daß dieses Flächenstück von G_g halbiert wird!

III. Gebrochenrationale Funktionen

1. Grundwissen

Bei einer gebrochenrationalen Funktion

$f\colon x \mapsto \frac{u(x)}{v(x)};\quad x \in \mathbb{D}_f$ u und v sind Polynomfunktionen; Grad von v wenigstens 1

können folgende Besonderheiten auftreten:

1. Die Funktion ist dort nicht definiert, wo der Nenner null wird *(Definitionslücken)*.

2. An den Stellen, wo die Funktion nicht definiert ist, kann
   a) der Graph der Funktion eine behebbare Definitionslücke haben (siehe Abbildung d: – 1 ist behebbare Definitionslücke) oder
   b) der Graph sich immer mehr einer Geraden mit der Gleichung x = c annähern.
   Diese Gerade ist *senkrechte Asymptote* des Graphen von f (siehe Abbildungen a, b, c, d).
   Die Definitionslücke heißt *Unendlichkeitsstelle* oder *Pol*.

3. Der Graph von f kann sich für $|x| \to \infty$ immer mehr einer Geraden mit der Gleichung y = mx + t annähern, die parallel zur x-Achse (m = 0 ; siehe Abbildungen a, b, d) oder schräg zu dieser verläuft (siehe Abbildung c).
   Die Gerade ist *horizontale* bzw. *schräge Asymptote* des Graphen von f.

Beispiele für Funktionsgraphen

a)

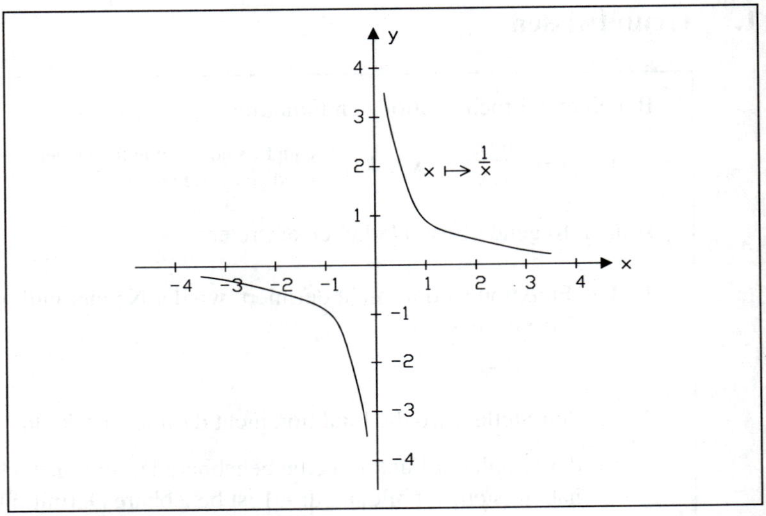

x = 0 ist senkrechte Asymptote;
y = 0 ist horizontale Asymptote.

b)

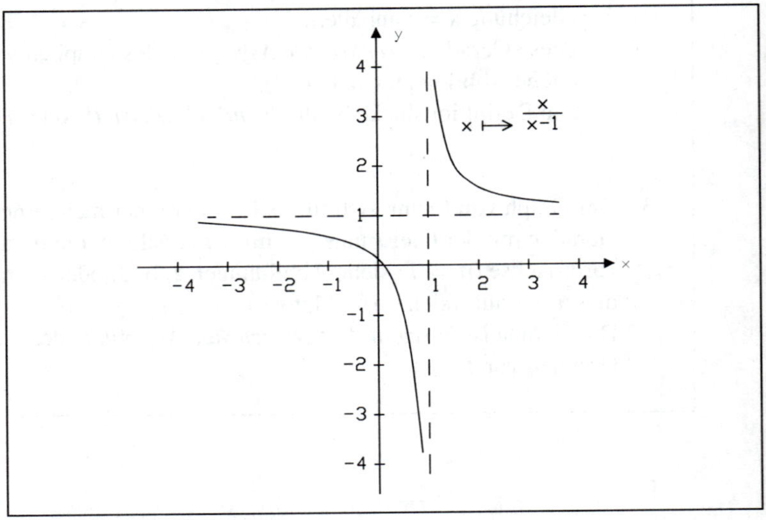

x = 1 ist senkrechte Asymptote;
y = 1 ist horizontale Asymptote.

c)

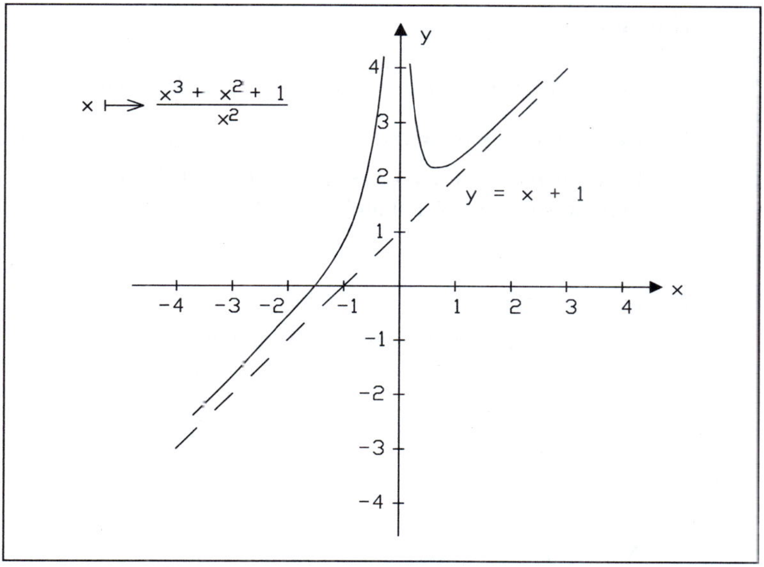

x = 0 ist senkrechte Asymptote; y = x + 1 ist schräge Asymptote.

d)

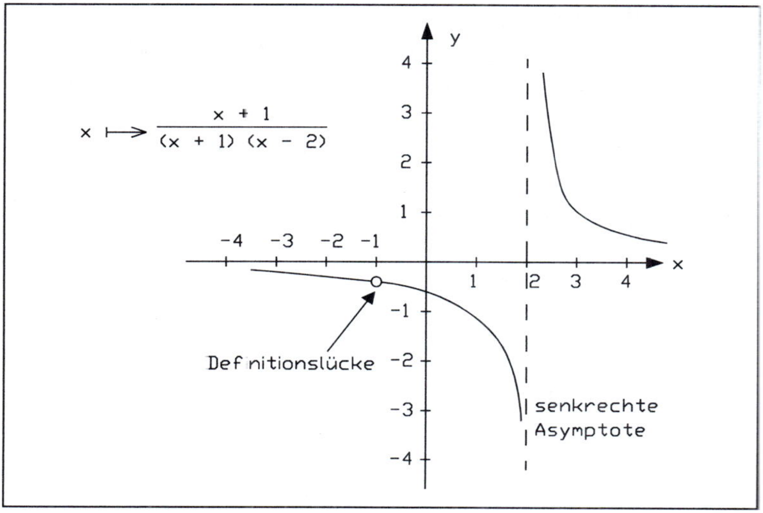

x = 2 ist senkrechte Asymptote; y = 0 ist horizontale Asymptote.

Aufgaben

61. Berechnung von Funktionswerten mit dem Taschenrechner

Gegeben ist die Funktion $f\colon x \mapsto \dfrac{2x^2 - 6x + 4}{x + 3}$; $x \in \mathbb{R}\setminus\{-3\}$.
Berechnen Sie mit dem Taschenrechner auf Zehntel genau die Funktionswerte f (4,15) und f (– 0,25) !

62. Definitionslücken

Bestimmen Sie die Definitionslücken von:

a) $f(x) = \dfrac{3x}{(1-x)^2}$ b) $f(x) = \dfrac{2x^2}{x^3 - 2x^2 + x}$

c) $f(x) = \dfrac{2x}{x^2 - 9}$

63. Nullstellen

Berechnen Sie jeweils die Nullstellen der Funktion f !

Beispiel:

$f\colon x \mapsto \dfrac{2x^2 - 4}{x - 1}$ mit $x \in \mathbb{R}\setminus\{1\}$ hat die Nullstellen $\sqrt{2}$ und $-\sqrt{2}$, denn
$f(x) = 0$, wo $2x^2 - 4 = 0 \Leftrightarrow 2x^2 = 4 \Leftrightarrow x^2 = 2 \Leftrightarrow x = \sqrt{2} \vee x = -\sqrt{2}$.

a) $f\colon x \mapsto \dfrac{3x^2 - 18x}{(x-4)^2}$; $x \in \mathbb{R}\setminus\{4\}$

b) $f\colon x \mapsto \dfrac{x^2 - 7x + 10}{3x^2}$; $x \in \mathbb{R}\setminus\{0\}$

Siehe auch Aufgabe 78!

2. Algebraische Grundübungen

Beispiele

1. Verwandeln Sie den Summenterm in ein Produkt mit möglichst vielen Faktoren:

   a) $2x^3 - 50x = \underbrace{2x}_{\text{gemeinsamer Faktor}}(x^2 - 25) = 2x\underbrace{(x-5)(x+5)}_{\text{Binomische Formel angewandt}}$

   b) $x^2 + 9x + 20 = (x+4)(x+5)$

   Wir überlegen: $20 = 4 \cdot 5$
   $9 = 4 + 5$

2. Machen Sie gleichnamig und vereinfachen Sie so weit wie möglich:

   a) $\frac{1}{x} - \frac{1}{x-2} = \frac{x-2}{x(x-2)} - \frac{x}{x(x-2)} = \frac{x-2-x}{x(x-2)} = \frac{-2}{x(x-2)}$

   b) $\frac{x^2}{x+1} - (x+2) = \frac{x^2}{x+1} - \frac{(x+2)(x+1)}{x+1} = \frac{x^2-(x^2+3x+2)}{x+1}$

   $= \frac{-3x-2}{x+1}$

3. Bestimmen Sie die Lösungsmenge in der angegebenen Definitionsmenge:

   $3 + \frac{1}{x} = x; \quad x \in \mathbb{R} \setminus \{0\}$

   Wir machen gleichnamig

   $\frac{3x+1}{x} = x$

   und multiplizieren beide Seiten der Gleichung mit x

   $3x + 1 = x^2$

   $\Leftrightarrow x^2 - 3x - 1 = 0$

   $\Leftrightarrow \left(x - \frac{3}{2}\right)^2 = 1 + \frac{9}{4}$ Quadratische Ergänzung

$$\Leftrightarrow \quad \left|x-\frac{3}{2}\right| = \sqrt{\frac{13}{4}}$$

$$\Leftrightarrow \quad x-\frac{3}{2} = \frac{1}{2}\sqrt{13} \quad \vee - \left(x-\frac{3}{2}\right) = \frac{1}{2}\sqrt{13}$$

$$\Leftrightarrow \quad x = \frac{3}{2}+\frac{1}{2}\sqrt{13} \quad \Leftrightarrow \; x = \frac{3}{2}-\frac{1}{2}\sqrt{13}$$

Also: $L = \left\{\frac{3}{2}+\frac{1}{2}\sqrt{13}\; ; \; \frac{3}{2}-\frac{1}{2}\sqrt{13}\right\}$

Aufgaben

64. Verwandeln Sie in ein Produkt mit möglichst vielen Faktoren:

a) $2x^2 - 2x - 12$ b) $(x^2 - 1)\,(3x^2 + 12x)$

65. Vielfach ist das Ausklammern von (– 1) eine entscheidende Rechenhilfe.

Ergänzen Sie:

a) $\frac{x-1}{1-x} = \frac{x-1}{-1\cdot(.....)}$

b) $\frac{-x^2-1-2x}{x^2+4x+3} = \frac{-(.....)}{(.....)\,(.....)} = \frac{-(.....)\,(.....)}{(.....)\,(.....)}$

66. Die Schnittpunkte von Funktionsgraphen ermittelt man, indem man die Funktionsterme der gegebenen Funktionen einander gleichsetzt. Bestimmen Sie demnach die Koordinaten der Schnittpunkte der Graphen G_f und G_g, wenn

$f: x \mapsto \frac{2}{1+x}; \quad x \in \mathbb{R}\setminus\{-1\}$ und

$g: x \mapsto \frac{-x}{6} + 1\,; \; x \in \mathbb{R}$!

3. Der Graph in der Umgebung einer Definitionslücke, senkrechte Asymptoten

Wir unterscheiden:

Pole mit Zeichenwechsel, wenn die Nullstelle x_0 des Nennerpolynoms *einfach, dreifach, fünffach*, ... ist und x_0 nicht zugleich Nullstelle des Zählerpolynoms ist.

Die Senkrechte durch x_0 heißt eine (senkrechte) Asymptote der Kurve.

Beispiel: $f: x \mapsto \frac{2}{x-1}$; $x \in \mathbb{R} \setminus \{1\}$

1 ist einfacher Pol mit Zeichenwechsel;
x = 1 ist senkrechte Asymptote.

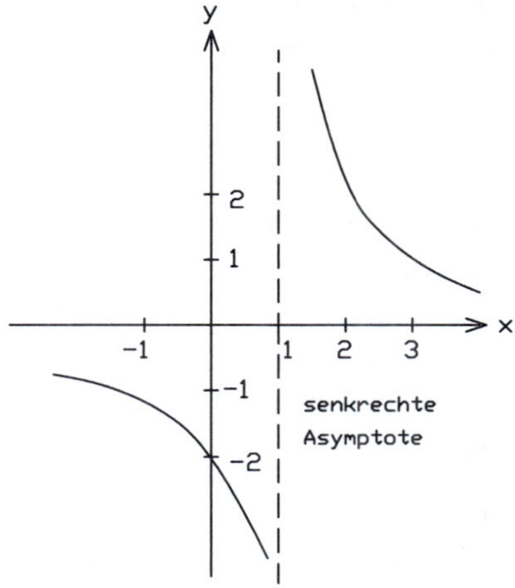

Pole ohne Zeichenwechsel, wenn die Nullstelle x_0 des Nennerpolynoms *zweifach, vierfach, sechsfach*, ... ist und x_0 nicht zugleich Nullstelle des Zählerpolynoms ist.

Die Senkrechte durch x_0 heißt eine (senkrechte) Asymptote der Kurve.

Beispiel: $f: x \mapsto \frac{2}{(x-1)^2}$; $x \in \mathbb{R} \setminus \{1\}$

1 ist Pol 2. Ordnung ohne Zeichenwechsel;
x = 1 ist senkrechte Asymptote.

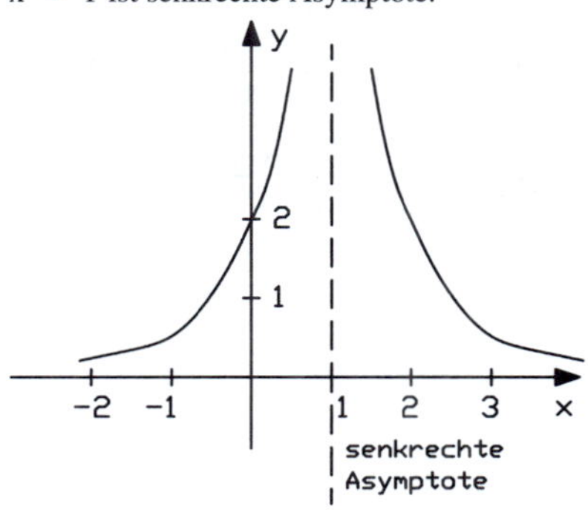

Beispiel: $f: x \mapsto \frac{x+1}{x^2 - x - 2}$; $x \in \mathbb{R} \setminus \{2; -1\}$

Behebbare Definitionslücke,
wenn x_0 *gemeinsame* Nullstelle des Nenner- und Zählerpolynoms ist (so daß Zähler und Nenner mit einer gewissen Potenz von $(x - x_0)$ gekürzt werden können) und x_0 nicht mehr Definitionslücke des gekürzten Funktionsterms ist. Wenn die gekürzte Funktion immer noch die Definitionslücke x_0 hat, so ist x_0 ein Pol.

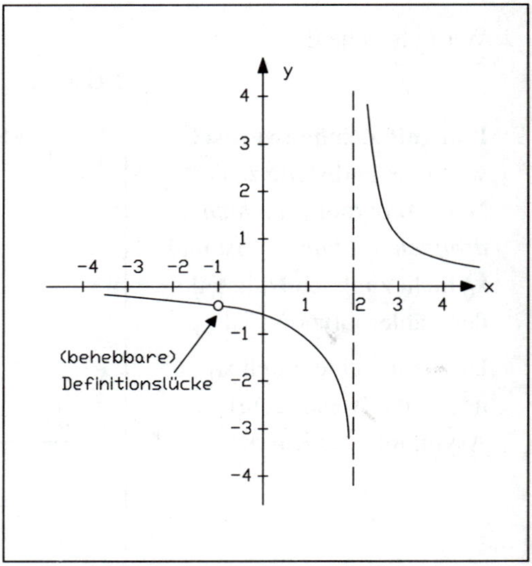

f hat an der Stelle $x_0 = -1$ eine behebbare Definitionslücke.

Dies erkennen wir, wenn wir faktorisieren:

$$\lim_{x \to -1} \frac{x+1}{x^2 - x - 2} = \lim_{x \to -1} \frac{x+1}{(x+1)(x-2)} = \lim_{x \to -1} \frac{1}{x-2} = \frac{1}{-1-2} = -\frac{1}{3}$$

f hat in 2 einen Pol erster Ordnung. Das Verhalten des Graphen von f in der Umgebung der Definitionslücke 2 ergibt sich aus der Grenzwertbetrachtung:

$$\lim_{x \to 2+} f(x) = \lim_{x \to 2+} \frac{x+1}{x^2 - x - 2} = \lim_{x \to 2+} \frac{x+1}{(x+1)(x-2)} = +\infty$$

$$\lim_{x \to 2-} f(x) = \lim_{x \to 2-} \frac{x+1}{(x+1)(x-2)} = -\infty$$

Aufgaben

67. Skizzieren Sie den groben Verlauf des Graphen von

$$f: x \mapsto \frac{x}{x^2 - 4} \text{ mit } x \in \mathbb{D}_f \text{ !}$$

Lösen Sie dazu folgende Teilaufgaben:

a) Faktorisieren Sie den Nenner!

b) Bestimmen Sie die Definitionslücken!

c) Geben Sie den maximal möglichen Definitionsbereich $\mathbb{D}_f$ an!

d) Wie heißen die Nullstellen von f ?

e) Wo hat f Pole? Von welcher Art sind die Pole und wie verläuft der Graph in der Umgebung der Pole?

68. Skizzieren Sie den groben Verlauf des Graphen von

$$f: x \mapsto \frac{x^2 + x}{x^2} \quad \text{mit } x \in \mathbb{R} \setminus \{0\} \text{ !}$$

4. Verhalten im Unendlichen, horizontale Asymptote, schräge Asymptote

Gegeben ist die gebrochenrationale Funktion

$$f: x \mapsto \frac{u(x)}{v(x)} \text{ mit } x \in \mathbb{D}_f .$$

Der Grad des Zählerprolynoms u (x) sei m, der Grad des Nennerpolynoms v(x) sei n.

Man erhält für $|x| \to \infty$ die Asymptote nach folgender Übersicht:

	Art der Asymptote	Hinweis für die Bestimmung
$n > m$	x-Achse	siehe Beispiel a auf S. 48
$n = m$	Parallele zur x-Achse	Kürzen mit x^n, dann $|x| \to \infty$; siehe Beispiel b auf S. 48
$m = n + 1$	schräge Asymptote	Polynomdivision; siehe Beispiel c auf S. 49

Beispiele

1. Bestimmen Sie das Verhalten von $f: x \mapsto \frac{1}{x+1}$; $x \in \mathbb{R} \setminus \{-1\}$ für $x \to \infty$ und $x \to -\infty$!

   Lösung

   $$\lim_{x \to +\infty} \frac{1}{x+1} = 0 ; \lim_{x \to -\infty} \frac{1}{x+1} = 0$$

   Für $|x| \to \infty$ nähert sich der Graph von f beliebig genau der x-Achse. Die x-Achse ist Asymptote des Graphen von f.

2. Bestimmen Sie das Verhalten von $f: x \mapsto \frac{2x^2}{x^2 - x}$; $x \in \mathbb{R} \setminus \{0 ; 1\}$ für $x \to +\infty$ und $x \to -\infty$!

Lösung

Wir klammern im Zähler und Nenner jeweils die höchste Potenz von x aus und kürzen danach:

$$\lim_{x \to +\infty} \frac{2x^2}{x^2 - x} = \lim_{x \to +\infty} \frac{x^2 \cdot 2}{x^2\left(1 - \frac{1}{x}\right)} = \lim_{x \to +\infty} \frac{2}{1 - \frac{1}{x}} = 2;$$

analog gilt

$$\lim_{x \to -\infty} \frac{2x^2}{x^2 - x} = \lim_{x \to -\infty} \frac{2}{1 - \frac{1}{x}} = 2.$$

Der Graph von f nähert sich für $|x| \to \infty$ immer mehr der Geraden y = 2. Die Gerade y = 2 ist horizontale Asymptote des Graphen von f.

3. Bestimmen Sie von $f: x \mapsto \frac{x^2}{x+1}$; $x \in \mathbb{R} \setminus \{-1\}$ durch Polynomdivision die schräge Asymptote für $|x| \to \infty$!

Lösung

$$\begin{array}{l} x^2 : (x + 1) = x - 1 + \frac{1}{x+1} \\ \underline{-(x^2 + x)} \\ \quad -x \\ \quad \underline{-(-x - 1)} \\ \qquad 1 \end{array}$$

Für $|x| \to \infty$ nähert sich der Graph der Funktion f der Geraden g mit der Gleichung $y = x - 1$. Die Gerade g ist eine schräge Asymptote des Graphen von f.

Ausführlich:

$$\begin{aligned} \lim_{|x| \to \infty} [f(x) - g(x)] &= \lim_{|x| \to \infty} \left[\frac{x^2}{x+1} - (x-1)\right] \\ &= \lim_{|x| \to \infty} \left[x - 1 + \frac{1}{x+1} - (x-1)\right] \\ &= \lim_{|x| \to \infty} \frac{1}{x+1} = 0 \end{aligned}$$

Aufgaben

69. Untersuchen Sie den Graphen der Funktion f: $x \mapsto \dfrac{2x-1}{x-1}$ mit $x \in \mathbb{R} \setminus \{1\}$ auf Asymptoten!

70. Bestimmen Sie durch Polynomdivision die schräge Asymptote des Graphen von f: $x \mapsto \dfrac{-x^2+3x}{2x-2}$; $x \in \mathbb{R} \setminus \{1\}$!

71. Zeigen Sie, daß $y = x - 2$ schräge Asymptote des Graphen von f: $x \mapsto \dfrac{x^2-6x+12}{x-4}$; $x \in \mathbb{R} \setminus \{4\}$ ist!

5. Differenzieren mit der Quotientenregel

Beispiel

Ermitteln Sie die 1. Ableitung von $f(x) = \dfrac{5x}{(2x-1)^2}$!

Lösung

Zählerterm: $u(x) = 5x \Rightarrow u'(x) = 5$

Nennerterm: $v(x) = (2x-1)^2 \Rightarrow v'(x) = 2(2x-1) \cdot 2$

↑ **nachdifferenzieren**

Die Quotientenregel liefert:

$$f(x) = \frac{u}{v}$$

$$f'(x) = \frac{u' \cdot v - u \cdot v'}{v^2}$$

$$f'(x) \quad \frac{5(2x-1)^2 - 5x \cdot 2(2x-1) \cdot 2}{(2x-1)^4}$$

$$= \frac{5(2x-1) - 20x}{(2x-1)^3} = \frac{-10x-5}{(2x-1)^3}$$

↑ Kürzen mit $(2x-1)$

Aufgaben

72. Ermitteln Sie die 1. Ableitung von

a) $f(x) = \dfrac{2x}{x-1}$ b) $f(x) = \dfrac{3x+2}{x^2+1}$

73. Leiten Sie die Funktion

$$f\colon x \mapsto \frac{x}{x^3+2}\,; \quad x \in \mathbb{R}$$

zweimal ab! Ermitteln Sie f'(1) und f"(1)! Was bedeuten diese Ergebnisse für den Graphen von f ?

74. Ermitteln Sie die 1. Ableitung von

a) $f_{a\,(x)} = 2 - \dfrac{a}{x} + \dfrac{1}{x^2}$

b) $f_a(x) = \dfrac{3x-a}{ax^2-1}$

c) $f_a(x) = \dfrac{x}{x+a} - \dfrac{x}{x-a}$

6. Monotonieverhalten

Eine Funktion f heißt über dem Intervall I streng monoton
– wachsend, wenn für alle $x \in I$ gilt $f'(x) > 0$
– abnehmend, wenn für alle $x \in I$ gilt $f'(x) < 0$.

Beispiel

Untersuchen Sie das Monotonieverhalten der Funktion

$$f: x \mapsto \frac{x^2 - 2x + 1}{x^2 - 2x} \quad ; \quad x \in \mathbb{R} \setminus \{0 ; 2\} \; !$$

Lösung

Wir bilden die 1. Ableitung:

$$f'(x) = \frac{(2x-2)\,(x^2-2x) - (x^2-2x+1)\,(2x-2)}{(x^2-2x)^2}$$

$$= \frac{(2x-2)\,(x^2-2x-x^2+2x-1)}{(x^2-2x)^2}$$

$$= \frac{-2\,(x-1)}{(x^2-2x)^2}$$

Wir berechnen die Nullstelle der 1. Ableitung:

$$f'(x) = 0 \quad \Rightarrow \quad -2\,(x-1) = 0 \quad \Leftrightarrow \quad x = 1$$

Durch die Nullstelle $x = 1$ wird der Definitionsbereich $]-\infty ; 0[\;\cup\;]0 ; 2[\;\cup\;]2 ; \infty[$ in zwei Bereiche unterteilt, in denen f'(x) jeweils einheitliches Vorzeichen hat:

Bereich	Aussage über f'(x)	Monotonieaussage
$]-\infty ; 0[\;\cup\;]0 ; 1[$	$f'(x) > 0$	f streng monoton zunehmend
$]1 ; 2[\;\cup\;]2 ; \infty[$	$f'(x) < 0$	f streng monoton abnehmend

Anmerkung
Die Vorzeichenaussage über f '(x) in den Bereichen
$]-\infty ; 0[\;\cup\;]0 ; 1[$ und $]1 ; 2[\;\cup\;]2 ; \infty[$ ergibt sich aus den Ungleichungen

$$f'(x) > 0 \quad \Rightarrow \quad -2\,(x-1) > 0 \quad \Leftrightarrow \quad x < 1 \text{ und}$$

$$f'(x) < 0 \quad \Rightarrow \quad -2\,(x-1) < 0 \quad \Leftrightarrow \quad x > 1$$

Aufgabe

75. Stellen Sie mit Hilfe der 1. Ableitung fest, in welchen Teilbereichen von $\mathbb{D}_f$ die Funktion f streng monoton zunimmt bzw. streng monoton abnimmt:

a) $f: x \mapsto \dfrac{x}{x^2 - 4}$; $\mathbb{D}_f = \mathbb{R} \setminus \{-2 ; 2\}$

b) $f: x \mapsto \dfrac{x^2 + 2x + 1}{x^2 + 1}$; $\mathbb{D}_f = \mathbb{R}$

c) $f: x \mapsto \dfrac{6}{x} - \dfrac{3}{x^2}$; $\mathbb{D}_f = \mathbb{R} \setminus \{0\}$

d) $f: x \mapsto \dfrac{4}{x^2} \ln \dfrac{1}{x}$; $\mathbb{D}_f = \mathbb{R}^+$

7. Diskussion von gebrochenrationalen Funktionen

Beispiel

Gegeben ist die Funktion f: $x \mapsto \frac{3\,x^2 - 8\,x}{(x-2)^2}$; $x \in \mathbb{D}_f$.
Ihr Graph heißt G_f.

a) Geben Sie die Definitionslücken von f an und den maximal möglichen Definitionsbereich D_f!

b) Geben Sie die Art der Definitionslücke an!
Wie verhält sich G_f in der Nähe der Definitionslücke?

c) Bestimmen Sie die Nullstellen von f!

d) Untersuchen Sie das Monotonieverhalten von f und geben Sie Art und Lage des Extrempunktes von G_f an!

e) Stellen Sie die Gleichungen aller Asymptoten von f auf!

f) Zeigen Sie nur mit Hilfe der 2. Ableitung von f, daß G_f genau einen Wendepunkt hat! Ermitteln Sie die Koordinaten des Wendepunktes!

g) Zeichnen Sie G_f unter Berücksichtigung aller bisheriger Ergebnisse!

Lösung

a) **Definitionslücken, Definitionsbereich**
Die Definitionslücken von f sind die Nullstellen des Nennerpolynoms. Also:

$$(x-2)^2 = 0 \quad \Leftrightarrow \quad x = 2$$

Ergebnis: 2 ist Definitionslücke von f, also $\mathbb{D}_f = \mathbb{R} \setminus \{2\}$

b) **Art der Definitionslücke, Verhalten von f in der Nähe der Definitionslücke**
Das Zählerpolynom $u(x) = 3\,x^2 - 8\,x$ ist für $x = 2$ ungleich Null. Also hat f in 2 einen Pol 2. Ordnung (ohne Vorzeichenwechsel). Die Vertikale durch 2 ist Asymptote von f. Ausführlich:

$$\lim_{x \to 2+} f(x) = \lim_{h \to 0} \frac{3\,(2+h)^2 - 8\,(2+h)}{(2+h-2)^2}$$

$$= \lim_{h \to 0} \frac{(2+h)\,[3\,(2+h)-8]}{h^2}$$

$$= \lim_{h \to 0} \frac{(2+h)\;(3\,h-2)}{h^2} = -\infty$$

$$\Rightarrow \lim_{x \to 2-} f(x) = -\infty$$

$\uparrow$

Pol 2. Ordnung

c) **Nullstellen**

f (x) wird Null, wo $3\,x^2 - 8\,x = 0 \;\Leftrightarrow\; x\,(3\,x-8) = 0$

$$\Leftrightarrow\; x = 0 \;\vee\; x = \frac{8}{3}$$

Nullstellen: $0; \frac{8}{3}$

d) **Monotonieverhalten, Extrempunkte**

$$f'(x) = \frac{(6\,x-8)\;(x^2-4\,x+4)-(3\,x^2-8\,x)\;(2\,x-4)}{(x-2)^4}$$

$$= \frac{-4\,x^2+24\,x-32}{(x-2)^4} \qquad = \frac{-4\,(x^2-6\,x+8)}{(x-2)^4}$$

$$= -4\,\frac{(x-4)\;(x-2)}{(x-2)^4} \qquad = -4\,\frac{x-4}{(x-2)^3}$$

$f'(x) = 0$, wo $x - 4 = 0 \;\Leftrightarrow\; x = 4$

Durch die Polstelle 2 und Nullstelle 4 wird der Definitionsbereich $\mathbb{R} \setminus \{2\}$ in drei Teilbereiche eingeteilt, in denen f'(x) jeweils einheitliches Vorzeichen hat:

$f'(x) < 0$ für $-\infty < x < 2$
$f'(x) > 0$ für $2 < x < 4$
$f'(x) < 0$ für $4 < x < \infty$

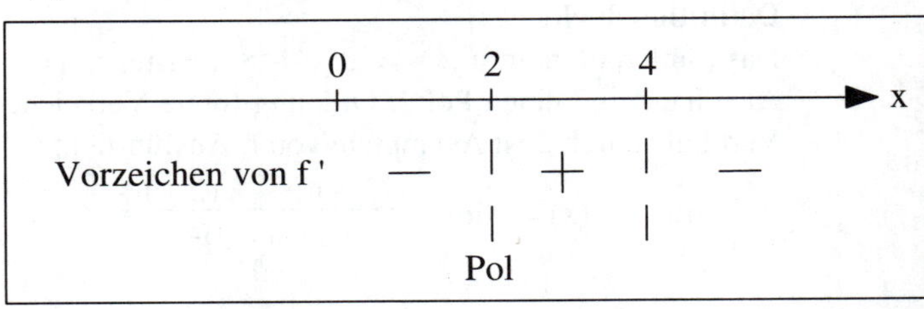

Extremstellenverdächtig ist die Nullstelle der 1. Ableitung. Es gilt:

$$\left.\begin{array}{ll} f'(2 < x < 4) & > 0 \\ f'(4) & = 0 \\ f'(4 < x < \infty) & < 0 \end{array}\right\} \Rightarrow \text{Hochpunkt in } (4;\,4)$$

e) **Asymptoten**

Wir wissen bereits, daß $x = 2$ senkrechte Asymptote von G_f ist. Wir untersuchen, ob G_f auch eine horizontale Asymptote hat. Also:

$$\lim_{|x| \to \infty} \frac{3x^2 - 8x}{x^2 - 4x + 4} = \lim_{|x| \to \infty} \frac{x^2\left(3 - \frac{8}{x}\right)}{x^2\left(1 - \frac{4}{x} + \frac{4}{x^2}\right)} = 3$$

$y = 3$ ist horizontale Asymptote von G_f.

f) **Wendepunkt**

$$f''(x) = -4\,\frac{(x-2)^3 - (x-4)\cdot 3\,(x-2)^2}{(x-2)^6}$$

$$= -4\,\frac{(x-2)^2\,[x - 2 - 3\,(x-4)]}{(x-2)^6}$$

$$= -4\,\frac{10 - 2x}{(x-2)^4} = \frac{8\,(x-5)}{(x-2)^4}$$

$$\left.\begin{array}{l} f''(2 < x < 5) < 0 \\ f''(5) = 0 \\ f''(5 < x < \infty) > 0 \end{array}\right\} \Rightarrow \text{Wendepunkt in } \left(5\,;\,\frac{35}{9}\right)$$

g) **Graph**

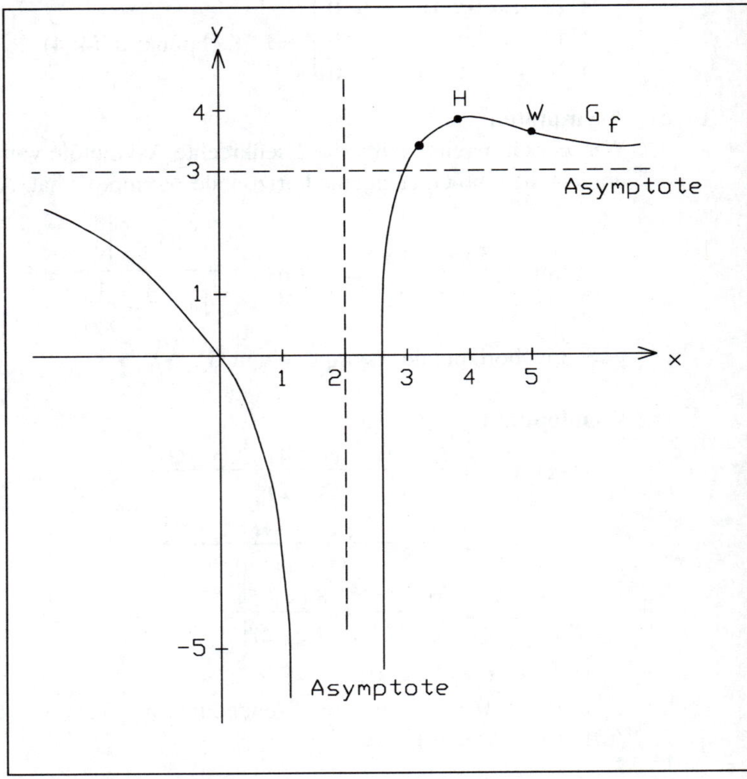

$$f: x \rightarrow \frac{3x^2 - 8x}{(x-2)^2}\ ; \quad x \in \mathbb{R} \setminus \{2\}$$

Aufgaben

76. Definitionsbereich

Bestimmen Sie den maximal möglichen Definitionsbereich!

a) $f(x) = \frac{2x-4}{1-x}$ b) $f(x) = \frac{1}{x} - \frac{1}{x-2}$

c) $f(x) = \frac{0{,}5\,x^3}{x^2-2x-3}$ d) $f(x) = \frac{x^3}{2(x-2)^2} + \frac{x}{x+2}$

77. Symmetrieverhalten

Untersuchen Sie den Graphen der Funktion f auf Symmetrieeigenschaften:

a) $f\colon x \longmapsto \frac{1}{2}x + \frac{1}{2x}$; $x \in \mathbb{R} \setminus \{0\}$

b) $f\colon x \longmapsto \frac{(x-1)^2}{1+x^2}$; $x \in \mathbb{R}$

78. Schnittpunkte mit den Koordinatenachsen

Untersuchen Sie den Graphen der Funktion f auf Schnittpunkte mit den Koordinatenachsen:

a) $f\colon x \longmapsto \frac{x^2+2x-8}{x-4}$; $x \in \mathbb{R} \setminus \{4\}$

b) $f\colon x \longmapsto \frac{x(x-2)(x+3)}{x^2-4}$; $x \in \mathbb{R} \setminus \{2; -2\}$

79. Asymptoten

Die folgenden Funktionen seien im größtmöglichen Definitionsbereich $\mathbb{D}_f$ definiert. Geben Sie jeweils die Gleichungen aller Asymptoten an:

a) $f\colon x \longmapsto \frac{x^2+1}{x^2-1}$; $x \in \mathbb{D}_f$ b) $f\colon x \longmapsto \frac{1}{x^2}$; $x \in \mathbb{D}_f$

80. Wendepunkte

a) Zeigen Sie nur mit Hilfe der 2. Ableitung f", daß der Graph der Funktion

$$f\colon x \mapsto \frac{x^3}{2\,(x-2)^2}\ ; \quad x \in \mathbb{R}\setminus\{2\}$$

genau einen Wendepunkt hat!

b) Vom Graphen G_f der Funktion

$$f\colon x \mapsto \frac{6\,x}{1+x^2}\ ; \quad x \in \mathbb{R}$$

sei bekannt, daß dieser drei Wendepunkte hat, wobei (0 ; 0) einer der Wendepunkte ist.
Zeigen Sie durch Überlegung, daß die Wendepunkte auf einer Geraden liegen!

81. Kurvendiskussion

Eine gebrochenrationale Funktion vollständig diskutieren heißt:

(1) die Definitionslücken bestimmen, Definitionsbereich angeben,
(2) die Art der Definitionslücken erkennen, das Verhalten des Graphen in der Nähe der Definitionslücken untersuchen,
(3) Symmetrieverhalten untersuchen,
(4) die gemeinsamen Punkte von Graph und Koordinatenachsen ermitteln,
(5) das Verhalten im Unendlichen bestimmen,
(6) das Monotonieverhalten untersuchen und evtl. relative Extrempunkte ermitteln,
(7) evtl. Wendestellen berechnen,
(8) evtl. schiefe Asymptoten ermitteln,
(9) den Graphen zeichnen.

Diskutieren Sie nach obigem Schema die in ihrem jeweiligen Definitionsbereich $\mathbb{D}_f$ gegebenen Funktionen:

a) $f\colon x \mapsto \dfrac{x^2-4}{x^2-1}\ ; \quad x \in \mathbb{D}_f$

b) $f\colon x \mapsto \dfrac{1-x^2}{1+x^2}\ ; \quad x \in \mathbb{D}_f$

c) $f: x \mapsto \dfrac{x^2 - 4x}{(x-1)^2}$; $x \in \mathbb{D}_f$

d) $f: x \mapsto \dfrac{x(x-2)(x+3)}{x^2 - 4}$; $x \in \mathbb{D}_f$

82. Verkettete Funktionen

Beispiel

Ermitteln Sie den maximal möglichen Definitionsbereich der Funktion

$$f: x \mapsto \ln \frac{x}{4-x} ; x \in \mathbb{D}_f$$

sowie ihre Nullstellen!

Lösung

Maximal möglicher Definitionsbereich:

Wir wissen, daß $y = \ln x$ für alle $x \in \mathbb{R}^+$ definiert ist. Also ist $\ln \dfrac{x}{4-x}$ definiert für alle $\dfrac{x}{4-x} > 0$.

Wir bestimmen die Lösungsmenge dieser Ungleichung

$$\boxed{\frac{x}{4-x} > 0}$$

durch Fallunterscheidung:

1. Fall	2. Fall
$x > 0 \wedge 4 - x > 0$	$x < 0 \wedge x - 4 < 0$
$\Leftrightarrow 4 > x$	$L = \{\}$
$L =]0 ; 4[$	

Ergebnis: $\mathbb{D}_{max} =]0 ; 4[$

Nullstellen

Für die Nullstellen gilt: $f(x) = 0$

Also:

$$\ln \frac{x}{4-x} = 0 \Leftrightarrow \frac{x}{4-x} = 1\,;\, x \in \,]0\,;\,4[$$

$\ln 1 = 0$

$$\Leftrightarrow \quad x = 4 - x$$
$$\Leftrightarrow \quad 2x = 4$$
$$\Leftrightarrow \quad x = 2 \in \mathbb{D}_{max}$$

Ergebnis:

f hat genau eine Nullstelle: 2

Und hier die Aufgaben:

Ermitteln Sie den maximal möglichen Definitionsbereich $\mathbb{D}_f$ sowie die Nullstellen der Funktion f:

a) $f(x) = \ln \frac{x-1}{2x}$ b) $f(x) = \frac{4}{x^2} \ln \frac{1}{x}$

c) $f(x) = \frac{2e^x}{2-e^x}$ d) $f(x) = \ln \left(\frac{x^2}{4} + 1\right)$

8. Flächenberechnung

Siehe Kapitel I.7, Seite 19–21!

Beispiel

Wie groß ist der Inhalt A des schraffierten Flächenstücks?

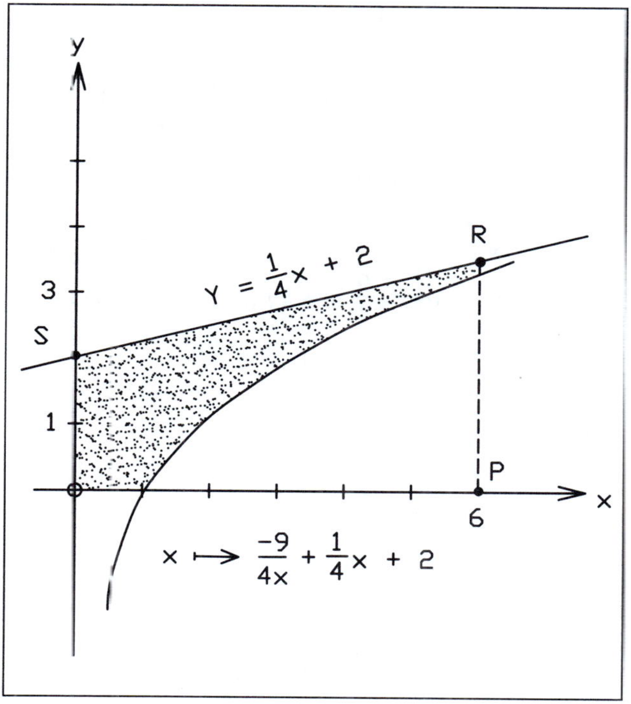

Lösung

Wir erhalten den gesuchten Flächeninhalt A, wenn wir vom Flächeninhalt des Vierecks OPRS den Inhalt des Flächenstücks subtrahieren, das die Kurve $y = \frac{-9}{4x} + \frac{1}{4}x + 2$ mit der x-Achse und der Geraden $x = 6$ einschließt.

Das Viereck OPRS mit P (6 ; 0), R (6 ; 3,5), S (0 ; 2) ist ein Trapez. Also gilt:

$$A_1 = \frac{3{,}5 + 2}{2} \cdot 6 = 16{,}5$$

Die Kurve $y = \frac{-9}{4x} + \frac{1}{4}x + 2$ schneidet die x-Achse im Punkt N (1 ; 0).

Also gilt:

$$A_2 = \int_1^6 \left(-\frac{9}{4x} + \frac{1}{4}x + 2\right) dx = \left[-\frac{9}{4}\ln x + \frac{x^2}{8} + 2x\right]_1^6$$

$$= -\frac{9}{4}\ln 6 + \frac{36}{8} + 12 - \left(0 + \frac{1}{8} + 2\right)$$

$$= -\frac{9}{4}\ln 6 + 14{,}375$$

$$A = A_1 - A_2$$

$$A = 16{,}5 + \frac{9}{4}\ln 6 - 14{,}375 \approx 6{,}16 \text{ [FE]}$$

Aufgaben

83. Fläche zwischen Graph und x-Achse

Die nebenstehende Abbildung zeigt den qualitativen Verlauf von

$f: x \mapsto \dfrac{6\,(x-1)}{x^3}$;

$x \in \mathbb{R} \setminus \{0\}$

Berechnen Sie den Inhalt des schraffierten Flächenstücks!

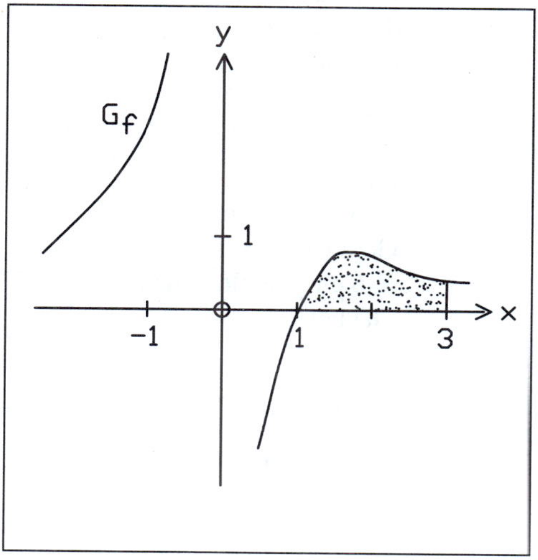

84. Fläche zwischen Graph und Koordinatenachsen

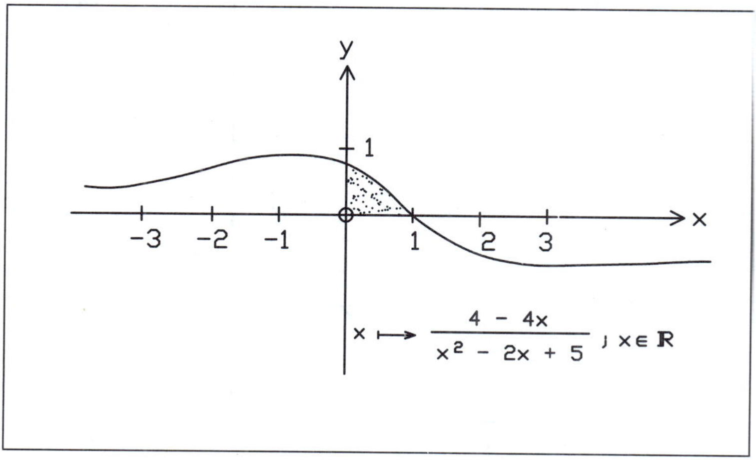

Berechnen Sie auf 2 D genau den Inhalt des schraffierten Flächenstücks!

85. Fläche zwischen Funktionsgraph über vorgegebenem Intervall

Berechnen Sie auf 1 D genau den Inhalt der zwischen dem Graphen von

f: x $\mapsto \frac{x}{8} + \frac{2}{x}$

mit x > 0, der x-Achse und den Geraden x = 1 und x = 6 eingeschlossenen Fläche!

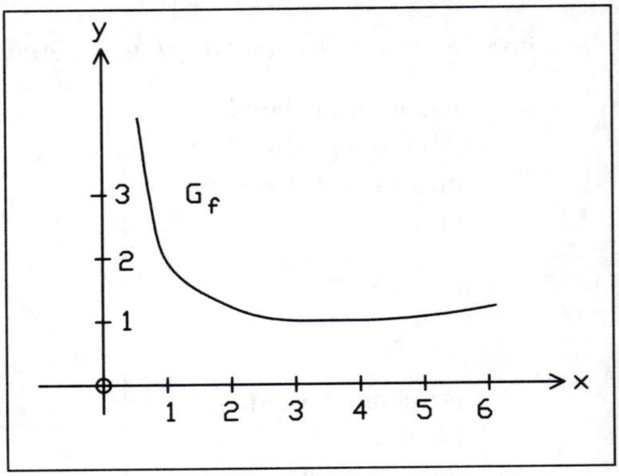

86. Fläche zwischen Funktionsgraphen

a) Berechnen Sie auf 2 D den Inhalt der schraffierten Fläche!

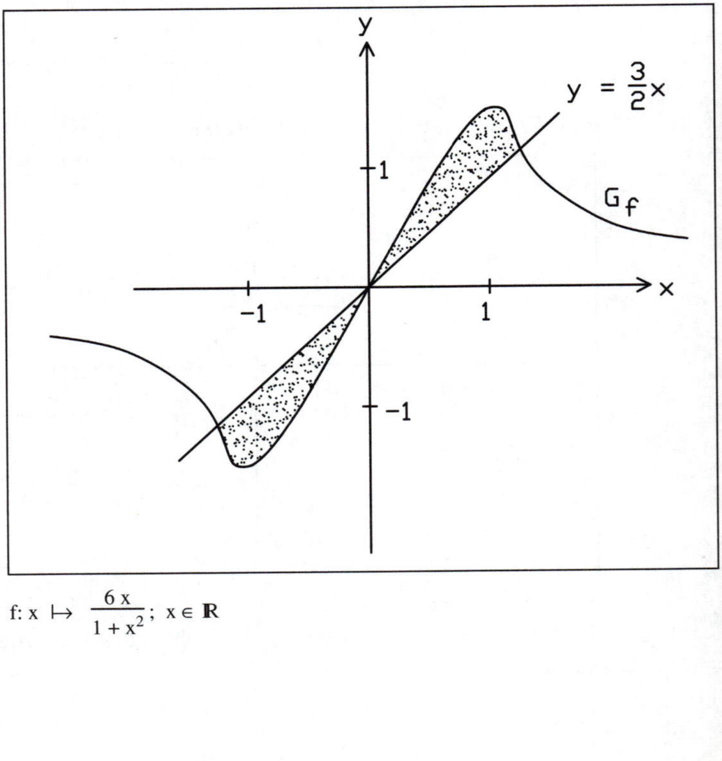

f: x $\mapsto \frac{6x}{1+x^2}$; $x \in \mathbb{R}$

b) Berechnen Sie den Inhalt des schraffierten Flächenstücks!

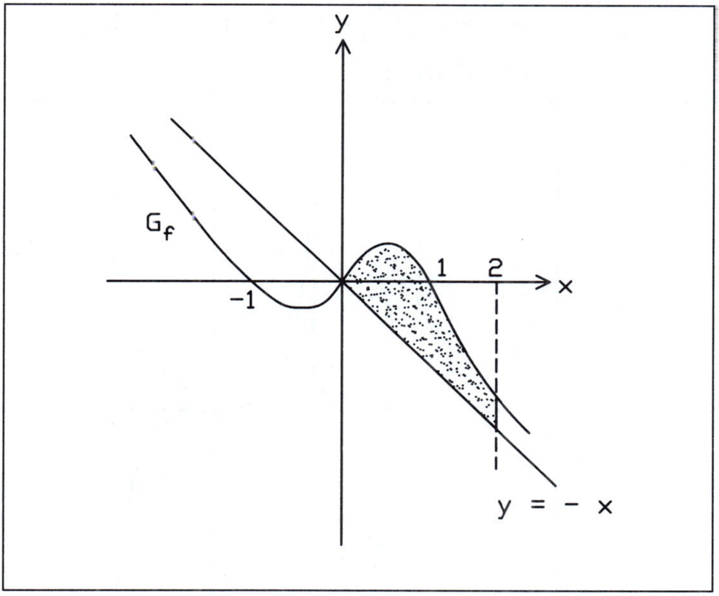

$$f: x \mapsto \frac{x - x^3}{x^2 + 1} \quad x \in \mathbb{R}$$

c) Welchen Flächeninhalt schließt der Graph der Funktion

$$g: x \mapsto \frac{4x}{x^2-4} + x; \quad x \in \mathbb{R} \setminus \{2; -2\}$$

mit der Geraden $y = -x$ ein?

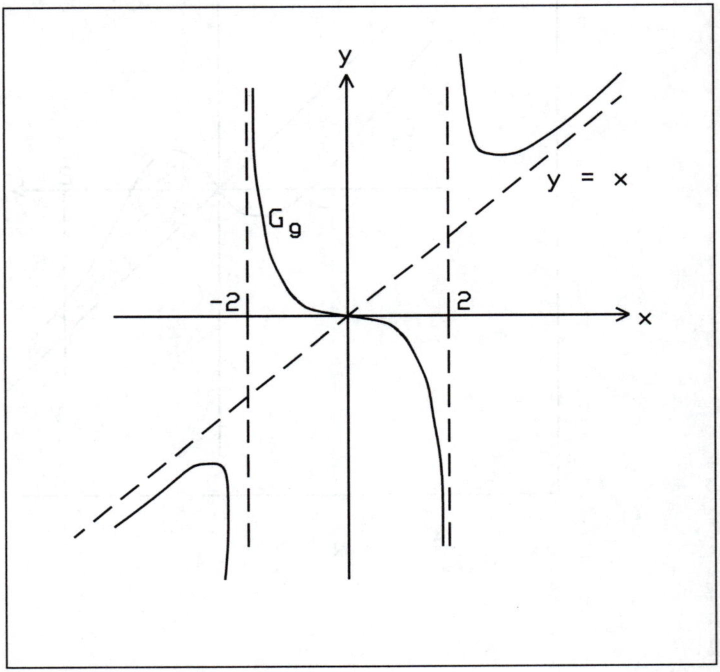

87. Fläche, die ins Unendliche reicht

Bestimmen Sie den Inhalt A (d) des von G_f, der zugehörigen schrägen Asymptote $y = x$ und den Geraden $x = 0{,}5$ und $x = d$ $(d > 0{,}5)$ liegenden Flächenstücks!

Prüfen Sie, ob $\lim\limits_{d \to \infty} A(d)$ existiert!

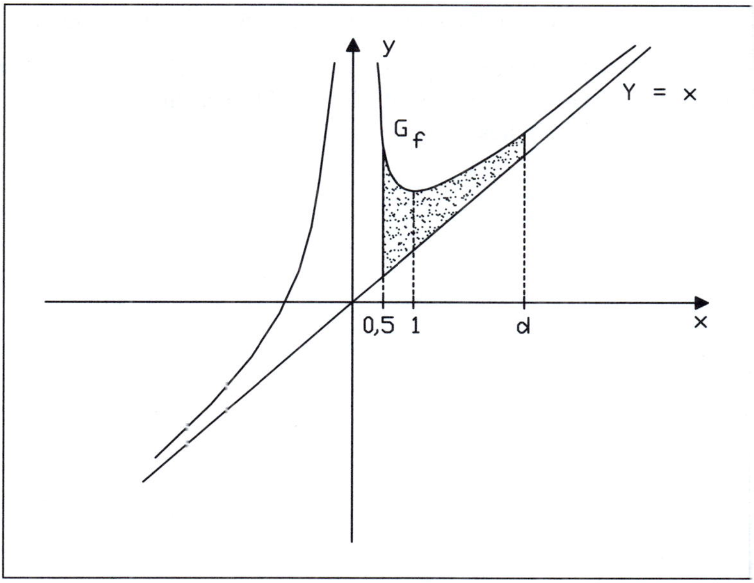

$f: x \mapsto \dfrac{2x^3+1}{2x^2}$; $x \in \mathbb{R}\setminus\{0\}$

88. *Kurvendiskussion mit Flächenberechnung*

Gegeben ist die Funktion $f: x \mapsto \dfrac{x^3+x^2}{x^2+3x+2}$; $x \in \mathbb{D}_f$.

a) Bestimmen Sie für f bzw. ihren Graphen G_f:
   1. die maximal mögliche Definitionsmenge $\mathbb{D}_f$
   2. das Verhalten in der Umgebung der Definitionslücken
   3. eine stetige Fortsetzungsfunktion g (mit der Sie dann weiterrechnen dürfen)
   4. Nullstellen
   5. Gleichungen aller Asymptoten
   6. relative Extrempunkte

b) Zeichnen Sie G_f für $-6 \leqq x \leqq 5$ mit allen Asymptoten!

c) Der Graph G_f, die y-Achse, die schräge Asymptote und die Gerade $x = 4$ schließen ein Flächenstück ein. Berechnen Sie den Inhalt dieses Flächenstücks!

I. Natürliche Exponentialfunktionen

1. Grundwissen

1. a) (1) 6,050
   (2) 0,951

   b) (1) 0,86
   (2) 9,70

   Tastenfolge: [2] [+/–] [e^x] [+/–] [+] [1] [=] [1/x] [x] [(] [2] [e^x] [+] [1] [)] [=]

   (3) 1,64

   Tastenfolge: [1] [e^x] [$\sqrt{x}$] [x] [0] [.] [5] [=] [1/x] [x] [(] [1] [e^x] [$\sqrt{x}$] [+/–] [+] [3] [)] [=]

2. a)

x	– 2	– 1	0	1	2	4
$0{,}5\, e^{0{,}5\, x}$	0,2	0,3	0,5	0,8	1,4	3,7

b)

x	– 2	– 1	0	1	2	4
$-e^{-x/2}$	– 2,7	– 1,6	– 1	– 0,6	– 0,4	– 0,1

c)

x	– 2	– 1	0	1	2
$\lvert e^x - 1 \rvert$	0,9	0,6	0	1,7	6,4

d)

x	– 2	– 1	0	1	2
$2 + e^{\lvert x \rvert}$	9,4	4,7	3	4,7	9,4

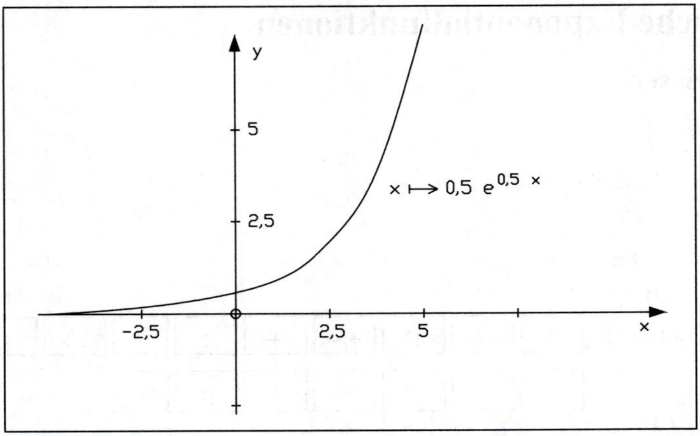
y
5
2,5
-2,5
2,5
5
x
x ⟼ 0,5 e^0,5 x

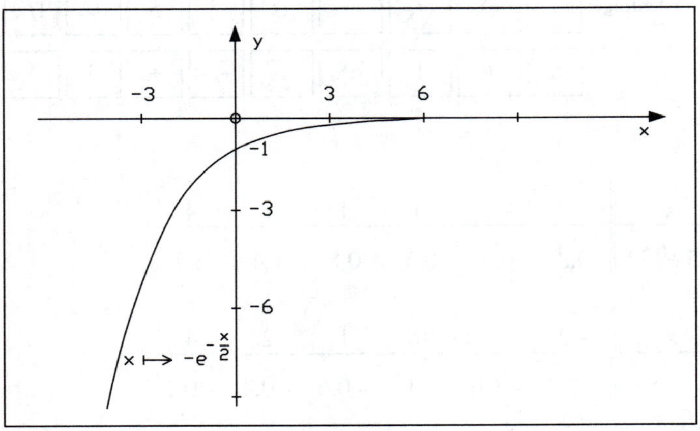
y
-3
3
6
x
-1
-3
-6
x ⟼ -e^-x/2

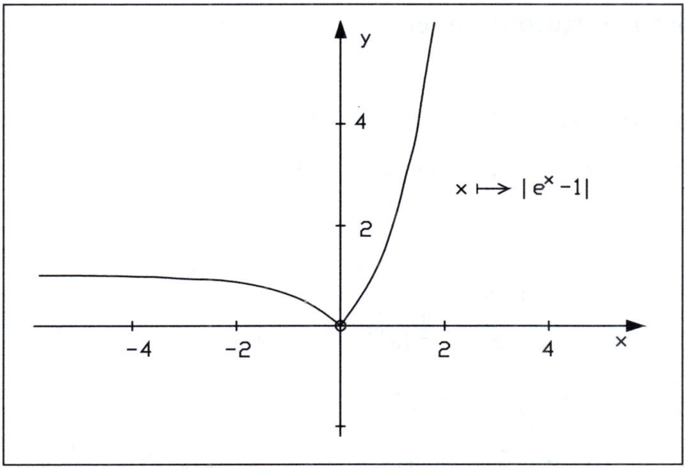
y
4
2
x ⟼ | eˣ −1|
−4
−2
2
4
x

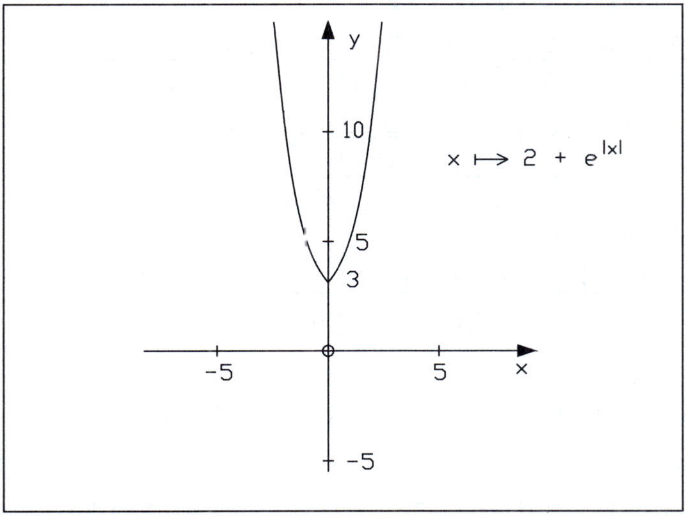
y
10
x ⟼ 2 + e^|x|
5
3
−5
5
x
−5

2. Algebraische Grundübungen

3. a) $f(0) = 0,\ f(1) = 0{,}61,\quad f(-2) = -0{,}27$

   b) $f(0) = 1,\ f(1) = -0{,}37,\quad f(-2) = 36{,}95$

4. a) $-e^{1-x} \cdot (-1)(1+x) - e^{1-x} = e^{1-x}(1+x) - e^{1-x} =$
   $= e^{1-x}(1 + x - 1) = x\,e^{1-x}$

   b) $\frac{1}{2}[e^x(e^x - 2) + e^x \cdot e^x] = \frac{1}{2}[e^{2x} - 2e^x + e^{2x}] =$

   $= \frac{1}{2}(2e^{2x} - 2e^x) = \frac{1}{2} \cdot 2(e^{2x} - e^x) = e^x(e^x - 1)$

   c) $-2e^{-x} + (1 - 2x)e^{-x} \cdot (-1) = -1(2e^{-x} + e^{-x} - 2x\,e^{-x}) =$
   $= -1(3e^{-x} - 2x\,e^{-x}) = -e^{-x}(3 - 2x)$

   d) $\dfrac{2e^x(2 - e^x) - 2e^x(-e^x)}{(2 - e^x)^2} = \dfrac{2e^x(2 - e^x + e^x)}{(2 - e^x)^2} = \dfrac{4e^x}{(2 - e^x)^2}$

   e) $\dfrac{\dfrac{e^x}{\sqrt{e^x - 1}}e^x - e^x\sqrt{e^x - 1}}{e^{2x}} = \dfrac{\dfrac{e^x}{\sqrt{e^x - 1}} - \sqrt{e^x - 1}}{e^x} =$

   $= \dfrac{\dfrac{e^x - (e^x - 1)}{\sqrt{e^x - 1}}}{e^x} = \dfrac{e^x - e^x + 1}{e^x\sqrt{e^x - 1}} = \dfrac{1}{e^x\sqrt{e^x - 1}}$

5. $J(k) = -e^{1-k} - k\,e^{1-k} - (-e^2 + 1\,e^2) = -e^{1-k}(1 + k)$

6. $F(1) - F(-1) = -e^{-1} + e^{-1} + 2e^{-1} + 2e^{-1} - (-e + e - 2e + 2e) =$
   $= 4e^{-1}$

3. Differenzieren mit der Kettenregel

7. a) $f'(x) = 3\,e^{3x+2} \cdot 3 = 9\,e^{3x+2}$

b) $f'(x) = e^{3x} \cdot 3 + 0 = 3\,e^{3x}$

c) $f'(x) = e^{x^2} \cdot 2\,x$

d) $f'(x) = 2\,e^x \cdot e^x = 2\,e^{2x}$

e) $f'(x) = \dfrac{1}{2\sqrt{e^x}}\,e^x = \dfrac{e^x}{2\sqrt{e^x}} = \dfrac{e^x\sqrt{e^x}}{2\,e^x} = \dfrac{\sqrt{e^x}}{2}$

f) $f'(x) = (1-2\,x)\,e^x - e^x\,(-2) = e^x\,(1-2\,x-2) = e^x\,(-1-2\,x) =$
$= -e^x\,(1+2\,x)$

g) $f'(x) = 2\,x^2\,e^{1-0{,}5\,x^2} \cdot (-2 \cdot 0{,}5\,x) + e^{1-0{,}5\,x^2} \cdot 4\,x =$
$= e^{1-0{,}5\,x^2}\,(-2\,x^3 + 4\,x) = 2\,x\,e^{1-0{,}5\,x^2}\,(2-x^2)$

h) $f'(x) = (x^2 - 4\,x + 6)\,e^{0{,}5\,x} \cdot 0{,}5 + e^{0{,}5\,x}\,(2\,x-4) =$
$= e^{0{,}5\,x}\,(0{,}5\,x^2 - 2\,x + 3 + 2\,x - 4) = e^{0{,}5\,x}\,(0{,}5\,x^2 - 1)$

8. a) $f'(x) = \dfrac{x\,e^x - e^x \cdot 1}{x^2} = \dfrac{e^x\,(x-1)}{x^2}$

b) $f'(x) = \dfrac{(2-e^x)\,2\,e^x - 2\,e^x\,(-e^x)}{(2-e^x)^2} = \dfrac{2\,e^x\,(2-e^x+e^x)}{(2-e^x)^2} = \dfrac{4\,e^x}{(2-e^x)^2}$

c) $f'(x) = \dfrac{(2-e^x)^2\,4\,e^x - 4\,e^x \cdot 2\,(2-e^x)\,(-e^x)}{(2-e^x)^4} =$

$= \dfrac{4\,e^x\,(2-e^x)\,[(2-e^x) - 2\,(-e^x)]}{(2-e^x)^4} =$

$= \dfrac{4\,e^x\,(2-e^x+2\,e^x)}{(2-e^x)^3} = \dfrac{4\,e^x\,(2+e^x)}{(2-e^x)^3}$

d) $f'(x) = \frac{e^{0,5\,x}\,(2 \cdot 0,5\,x) - (0,5\,x^2 + 2)\,e^{0,5\,x} \cdot 0,5}{(e^{0,5\,x})^2} =$

$= \frac{e^{0,5\,x}\,(x - 0,25\,x^2 - 1)}{e^x}$

$= (x - 0,25\,x^2 - 1)\,e^{-\,0,5\,x}$

e) $f_k'(x) = \frac{k\,e^x\,(k - e^x) - k\,e^x\,(-\,e^x)}{(k - e^x)^2} = \frac{k\,e^x\,(k - e^x + e^x)}{(k - e^x)^2} = \frac{k^2\,e^x}{(k - e^x)^2}$

f) $f_k'(x) = \frac{e^{k\,x} \cdot k\,(e^x) - (e^{k\,x} - k)\,e^x}{e^{2\,x}} = \frac{e^x\,(k\,e^x - e^{k\,x} + k)}{e^{2\,x}} =$

$= \frac{k\,e^{k\,x} - e^{k\,x} + k}{e^x}$

9. $F'(x) = 3 \cdot \frac{1 \cdot e^x}{e^x + 1} - 2 = \frac{3\,e^x - 2\,(e^x + 1)}{e^x + 1} = \frac{e^x - 2}{e^x + 1} = f(x)$

4. Auflösen von Exponentialgleichungen

10. a)
$$\begin{aligned} & e^x - e^{2x} = 0 \\ \Leftrightarrow\ & e^x (1 - e^x) = 0 \\ \Leftrightarrow\ & e^x = 0 \ \vee\ 1 - e^x = 0 \\ & L = \{\ \} \quad \Leftrightarrow \quad x = 0 \end{aligned}$$
Die Lösungszahl heißt 0.

b) $e^{-2x} - 10 = 0 \Leftrightarrow e^{-2x} = 10 \quad \Leftrightarrow -2x = \ln 10$

$\Leftrightarrow \quad x = -0{,}5 \ln 10$

Die Lösungszahl heißt -0,5 ln 10 (≈ – 1,15).

c)
$$\begin{aligned} & 2e^{-x}(1 - 4e^{-x}) = 0 \Leftrightarrow 2e^{-x} = 0 \ \vee\ 1 - 4e^{-x} = 0 \\ & L = \{\} \quad \Leftrightarrow \quad \frac{1}{4} = e^{-x} \\ & \Leftrightarrow -x = \ln\frac{1}{4} \\ & \Leftrightarrow -x = \ln 1 - \ln 4 \\ & \Leftrightarrow -x = 0 - \ln 4 \\ & \Leftrightarrow x = \ln 4 \end{aligned}$$
Die Lösungszahl heißt ln 4 (≈ 1,39).

d)
$$\begin{aligned} & e^{x + \ln 4} = 21 \quad \Leftrightarrow \quad x + \ln 4 = \ln 21 \\ & \Leftrightarrow x = \ln 21 - \ln 4 \\ & \Leftrightarrow x = \ln\frac{21}{4} \\ & \Leftrightarrow x = \ln 5{,}25 \end{aligned}$$
Die Lösungszahl heißt ln 5,25 (≈ 1,66).

11. a)
$$\begin{aligned} & a - \frac{a}{e^x} = 3 \quad | \cdot e^x ;\ a < 0 \\ \Leftrightarrow\ & a e^x - a = 3e^x \\ \Leftrightarrow\ & a e^x - 3e^x = a \\ \Leftrightarrow\ & e^x (a - 3) = a \Leftrightarrow e^x = \frac{a}{a-3} \Leftrightarrow x = \ln\frac{a}{a-3} \end{aligned}$$

b) $(a - e^x)^2 = a^2 ;\ a \in \mathbb{R}^+$

$\Leftrightarrow\ a^2 - 2\,a\,e^x + e^{2x} = a^2$

$\Leftrightarrow\ e^x\,(e^x - 2\,a) = 0 \Leftrightarrow e^x - 2\,a = 0 \Leftrightarrow x = \ln 2\,a$

12. Wir setzen die Koordinaten des Punktes P in die Funktionsgleichung ein:

$$\frac{2}{e} = 2\,e^{k-2} \Leftrightarrow \frac{2}{e} = 2\,\frac{e^k}{e^2} \Leftrightarrow \frac{e^2}{e} = e^k$$

$$\Leftrightarrow e = e^k$$

$$\Leftrightarrow k = 1$$

13. a) $f(x) = 0$, wo $x \cdot e^x = 0 \Leftrightarrow x = 0 \vee e^x = 0$
Nullstelle: 0

b) $f(x) = 0$, wo $(x + 1)\,e^x = 0 \Leftrightarrow x + 1 = 0 \Leftrightarrow x = -1$
Nullstelle: – 1

c) $f(x) = 0$, wo $e^x - 2 = 0 \Leftrightarrow e^x = 2 \Leftrightarrow x = \ln 2$
Nullstelle: ln 2

d) $f(x) = 0$, wo $x + 1 = 0 \Leftrightarrow x = -1$
Nullstelle: – 1

5. Lösungsmengen von Ungleichungen (Monotonieverhalten)

14. a) $f'(x) = (x-1)\,e^{2-x}\cdot(-1) + e^{2-x}\cdot 1 = e^{2-x}(-x+1+1) =$
$= e^{2-x}(2-x)$
$f'(x) = 0$, wo $2-x = 0 \Leftrightarrow x = 2$

Bereich	Aussage über f '(x)	Monotonieaussage
$-\infty < x < 2$	$f'(x) > 0$	f streng monoton zunehmend
$2 < x < \infty$	$f'(x) < 0$	f streng monoton abnehmend

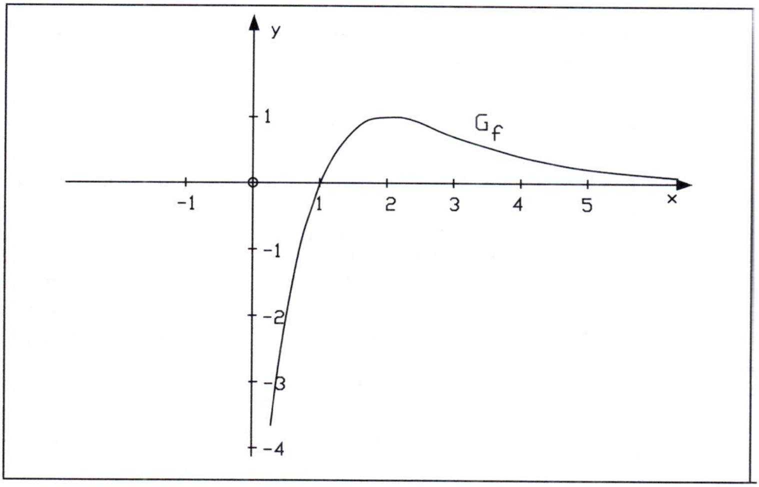

f: $x \mapsto (x-1)\,e^{2-x}$; $x \in \mathbb{R}$

b) $f'(x) = x^2 e^{-x}\cdot(-1) + e^{-x}\cdot 2x = e^{-x}(-x^2+2x) = x\,e^{-x}(2-x)$
$f'(x) = 0$, wo $x(2-x) = 0 \Leftrightarrow x = 0 \vee x = 2$

Bereich	Aussage über f '(x)	Monotonieaussage
$-\infty < x < 0$	$f'(x) < 0$	f streng monoton abnehmend
$0 < x < 2$	$f'(x) > 0$	f streng monoton zunehmend
$2 < x < \infty$	$f'(x) < 0$	f streng monoton abnehmend

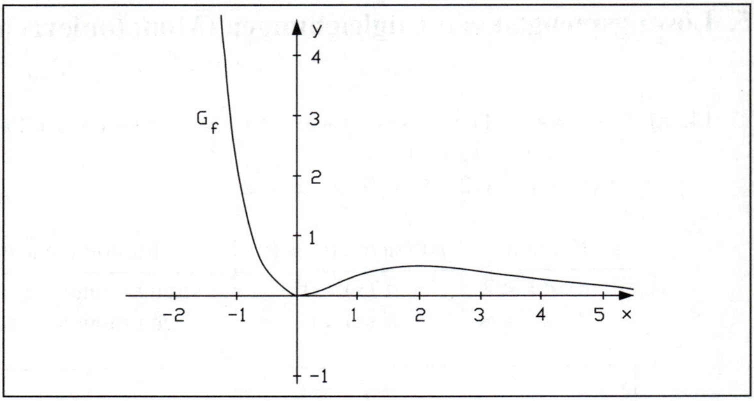

f: $x \mapsto x^2 e^{-x}$; $x \in \mathbb{R}$

c) $f'(x) = 4\,x\,e^{-0,5\,x^2} \cdot (-2 \cdot 0,5\,x) + e^{-0,5\,x^2} \cdot 4 =$
$= e^{-0,5\,x^2}(-4\,x^2 + 4) = 4\,e^{-0,5\,x}(1 - x^2)$
$f'(x) = 0$, wo $1 - x^2 = 0 \Leftrightarrow x = 1 \vee x = -1$

Bereich	Aussage über f '(x)	Monotonieaussage
$-\infty < x < -1$	$f'(x) < 0$	f streng monoton abnehmend
$-1 < x < 1$	$f'(x) > 0$	f streng monoton zunehmend
$1 < x < \infty$	$f'(x) < 0$	f streng monoton abnehmend

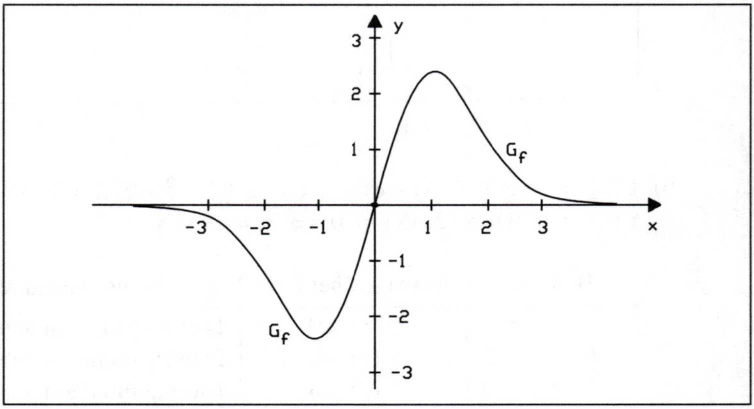

f: $x \mapsto 4\,x\,e^{-0,5\,x^2}$

d) $f'(x) = \dfrac{(e^x + 1)\,e^x - (e^x - 2)\,e^x}{(e^x + 1)^2} = \dfrac{e^x\,(e^x + 1 - e^x + 2)}{(e^x + 1)^2} = \dfrac{3\,e^x}{(e^x + 1)^2}$

$f'(x) > 0$ für alle $x \in \mathbb{R}$

$\Rightarrow$ f nimmt im gesamten Definitionsbereich $\mathbb{D}_f = \mathbb{R}$ streng monoton zu.

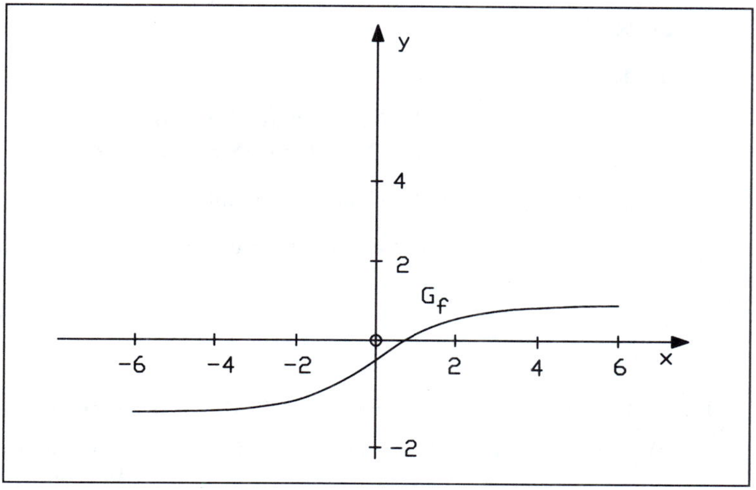

$f: x \mapsto \dfrac{e^x - 2}{e^x + 1}; \quad x \in \mathbb{R}$

15. a) f_4

b) f_2

c) f_1

d) f_3

6. Diskussion von natürlichen Exponentialfunktionen

16. a) $\mathbb{R}$

b) $\mathbb{R}^+$; $1/\sqrt{x}$ ist definiert für $x > 0$

c) $\mathbb{R} \setminus \{0\}$

d) $\mathbb{R}$

e) $\mathbb{R} \setminus \{ \ln(-a) \}$; der Nenner wird Null, wo
$a + e^x = 0 \Leftrightarrow e^x = -a \Leftrightarrow x = \ln(-a)$

f) $\mathbb{R} \setminus \left\{ \frac{1}{a} \ln(-2a) \right\}$; der Nenner wird Null, wo
$e^{ax} + 2a = 0 \Leftrightarrow e^{ax} = -2a \Leftrightarrow ax = \ln(-2a)$
$\Leftrightarrow x = \frac{1}{a} \ln(-2a)$

17. a) $f(-x) = 3\,e^{-(-x)^2} = 3\,e^{-x^2} = f(x)$ $\Leftrightarrow$ symmetrisch zur y-Achse

b) $f(-x) = -x\,e^{(-x)^2} = -x\,e^{x^2} = -f(x)$ $\Leftrightarrow$ punktsymmetrisch zum Ursprung

c) $f(-x) = e^{1-0{,}5(-x)^2} = e^{1-0{,}5x^2} = f(x)$ $\Leftrightarrow$ symmetrisch zur y-Achse

18.

	Schnittpunkte mit der x-Achse	Schnittpunkte mit der y-Achse
a)	$f(x) = 0$, wo $e^x - 2 = 0 \Leftrightarrow x = \ln 2$ $\Leftrightarrow N(\ln 2; 0)$	$f(0) = e^0(e^0 - 2) = 1 \cdot (-1) = -1$ $\Rightarrow S(0; -1)$
b)	$f(x) = 0$, wo $-\sqrt{e} \cdot x + 2\sqrt{e} = 0$ $\Leftrightarrow \sqrt{e}(-x + 2) = 0$ $\Leftrightarrow -x + 2 = 0$ $\Leftrightarrow x = 2$ $\Leftrightarrow N(2; 0)$	$f(0) = -\sqrt{e} \cdot 0 + 2\sqrt{e} = 2\sqrt{e}$ $\Rightarrow S(0; 2\sqrt{e}$

c) $f(x) = 0$, wo $1 - 2x = 0$ $\Leftrightarrow x = \frac{1}{2}$ $\Rightarrow N(\frac{1}{2}; 0)$	$f(0) = (1-0)\,e^{-0} = 1$ $\Rightarrow S(0; 1)$
d) $f(x) = 0$, wo $\frac{e^x - 2}{e^x + 1} = 0$ $\Leftrightarrow e^x - 2 = 0$ $\Leftrightarrow x = \ln 2$ $\Rightarrow N(\ln 2; 0)$	$f(0) = \frac{e^0 - 2}{e^0 + 1} = \frac{1-2}{1+1} = \frac{-1}{2}$ $\Rightarrow S\left(0; -\frac{1}{2}\right)$
e) $f(x) = 0$, wo $2\frac{x+1}{e^{2x}} = 0$ $\Leftrightarrow x + 1 = 0$ $\Leftrightarrow x = -1$ $\Rightarrow N(-1; 0)$	$f(0) = 2 \cdot \frac{0+1}{e^0} = \frac{2}{1} = 2$ $\Rightarrow S(0; 2)$

19\. a) $\lim\limits_{x \to -\infty} e^x = \lim\limits_{x \to \infty} e^{-x} = \lim\limits_{x \to \infty} \frac{1}{e^x} = 0$

b) $\lim\limits_{x \to \infty} x\,e^{1-x} = \lim\limits_{x \to \infty} x\frac{e}{e^x} = e \lim\limits_{x \to \infty} \frac{x}{e^x} = e \cdot 0 = 0$

c) $\lim\limits_{x \to -\infty} x\,e^{1-x} = \lim\limits_{x \to \infty} (-x\,e^{1+x}) = e \lim\limits_{x \to \infty} (-x\,e^x) = -\infty$

d) $\lim\limits_{x \to \infty} (1-2)\,e^{-x} = \lim\limits_{x \to \infty} \left(\frac{1}{e^x} - \frac{2x}{e^x}\right) = \lim\limits_{x \to \infty} \frac{1}{e^x} - \lim\limits_{x \to \infty} \frac{2x}{e^x} =$

$= 0 - 0 = 0$

e) $\lim\limits_{x \to \infty} e^3\,(1 - e^{-x} - x\,e^{-x}) = e^3 \lim\limits_{x \to \infty} \left(1 - \frac{1}{e^x} - \frac{x}{e^x}\right) = e^3$

f) $\lim\limits_{k \to \infty} [0{,}5 - e^{-2k}(k + 1{,}15)] = \lim\limits_{k \to \infty} \left[0{,}5 - \frac{k}{e^{2k}} - \frac{1{,}15}{e^{2k}}\right] =$

$= \lim\limits_{k \to \infty} 0{,}5 - \lim\limits_{k \to \infty} \frac{k}{e^{2k}} - \lim\limits_{k \to \infty} \frac{1{,}15}{e^{2k}} = 0{,}5 - 0 - 0 = 0{,}5$

20. a) $\lim\limits_{x \to \infty} \frac{2\,e^x}{2 - e^x} = \lim\limits_{x \to \infty} \frac{2}{\frac{2}{e^x} - 1} = \frac{2}{-1} = -2$

$$\lim\limits_{x \to -\infty} \frac{2\,e^x}{2 - e^x} = \lim\limits_{x \to \infty} \frac{2\,e^{-x}}{2 - e^{-x}} = \lim\limits_{x \to \infty} \frac{\frac{2}{e^x}}{2 - \frac{1}{e^x}} = \frac{0}{2} = 0$$

Die Gerade $y = -2$ ist Symptote für $x \to \infty$. Die x-Achse ist Asymptote für $x \to -\infty$.

b) $\lim\limits_{x \to \infty} \frac{e^x - 2}{e^x + 1} = \lim\limits_{x \to \infty} \frac{1 - \frac{2}{e^x}}{1 + \frac{1}{e^x}} = 1$

$$\lim\limits_{x \to -\infty} \frac{e^x - 2}{e^x + 1} = \lim\limits_{x \to \infty} \frac{e^x - 2}{e^{-x} + 1} = \frac{-2}{1} = -2$$

Die Gerade $y = 1$ ist Asymptote für $x \to \infty$. Die Gerade $y = -2$ ist Asymptote für $x \to -\infty$

c) $\lim\limits_{x \to \infty} e^x\,(e^x - 2) = \infty$

$$\lim\limits_{x \to -\infty} e^x\,(e^x - 2) = \lim\limits_{x \to \infty} e^{-x}\,(e^{-x} - 2) = \lim\limits_{x \to \infty} \frac{\frac{1}{e^x} - 2}{e^x} = 0$$

x-Achse ist Asymptote für $x \to \infty$.

21. a) $f'(x) = 2\,x^2\,e^{-0,5\,x} \cdot (-0,5) + e^{-0,5\,x} \cdot 4\,x = e^{-0,5\,x}\,(4\,x - x^2)$

$f'(x) = 0$, wo $4\,x - x^2 = 0 \Leftrightarrow x\,(4 - x) = 0$

$\Leftrightarrow x = 0 \lor x = 4$

$$\left.\begin{array}{l} f'(x) < 0 \text{ für } -\infty < x < 0 \\ f'(x) > 0 \text{ für } \quad 0 < x < 4 \\ f'(0) = 0 \end{array}\right\} \Rightarrow \text{Tiefpunkt in } (0;\,0)$$

$$\left.\begin{array}{l} f'(x) > 0 \text{ für } 0 < x < 4 \\ f'(x) < 0 \text{ für } 4 < x < \infty \\ f'(4) = 0 \end{array}\right\} \Rightarrow \text{Hochpunkt in } (4;\,32\,e^{-2} \approx 4,3)$$

b) $f'(x) = (-0{,}25\,x^2 + x - 1)\,e^{-0{,}5\,x}$ (siehe I. 3 Aufgabe 2 d)

$$\begin{aligned} f'(x) = 0, \text{ wo } \quad & -0{,}25\,x^2 + x - 1 = 0 \\ \Leftrightarrow \quad & -x^2 + 4\,x - 4 = 0 \\ \Leftrightarrow \quad & -(x^2 - 4\,x + 4) = 0 \\ \Leftrightarrow \quad & -(x-2)^2 = 0 \Leftrightarrow x = 2 \end{aligned}$$

Aus der Umformung

$$f'(x) = \left(-\frac{1}{4}x^2 + x - 1\right)e^{-0{,}5\,x} = -\frac{1}{4}(x^2 - 4\,x + 4)\,e^{-0{,}5\,x} =$$
$$= -\frac{1}{4}(x-2)^2\,e^{-0{,}5\,x}$$

ersieht man, daß

$f'(x) < 0$ für $-\infty < x < 2 \quad \vee \quad 2 < x < \infty$.

f ändert also an der Stelle $x = 2$ seine Monotonie nicht. Daraus folgt: An der Stelle $x = 2$ liegt keine lokale Extremstelle vor!

22. a) $$f'(x) = \frac{e^{2\,x} - (x+1)\,2\,e^{2\,x}}{e^{4\,x}} = \frac{e^{2\,x}(1 - 2\,x - 2)}{e^{4\,x}} = \frac{-1 - 2\,x}{e^{2\,x}}$$

$$f''(x) = \frac{-2\,e^{2\,x} - (-1 - 2\,x)\,2\,e^{2\,x}}{e^{4\,x}} = \frac{e^{2\,x}(-2 + 2 + 4\,x)}{e^{4\,x}} = \frac{4\,x}{e^{2\,x}}$$

$f''(x) = 0$, wo $4\,x = 0 \Leftrightarrow x = 0$

$$\left.\begin{aligned} & f''(x) < 0 \text{ für } -\infty < x < 0 \\ & f''(x) > 0 \text{ für } 0 < x < \infty \\ & f''(0) = 0 \end{aligned}\right\} \Rightarrow \text{Wendepunkt in } (0;\,1)$$

b) $f'(x) = -x\,e^{1-0{,}5\,x^2}$

$f''(x) = -1\,e^{1-0{,}5\,x^2} + (-x)\,e^{1-0{,}5\,x^2}\cdot(-x) = e^{1-0{,}5\,x^2}(x^2 - 1)$

$f''(x) = 0$, wo $x^2 - 0 \Leftrightarrow x = 1 \vee x = -1$

$$\left.\begin{aligned} & f''(x) < 0 \text{ für } -1 < x < 1 \\ & f''(x) > 0 \text{ für } 1 < x < \infty \\ & f''(1) = 0 \end{aligned}\right\} \Rightarrow \text{Wendepunkt in } (1;\,\sqrt{e} \approx 1{,}65)$$

23. a) $f'(x) = e^{1-x} + x\,e^{1-x} \cdot (-1) = (1-x)\,e^{1-x}$

$f''(x) = -1 \cdot e^{1-x} + (1-x)\,e^{1-x} \cdot (-1) = (x-2)\,e^{1-x}$

$f'''(x) = e^{1-x} + (x-2)\,e^{1-x} \cdot (-1) = (3-x)\,e^{1-x}$ (*)

(*) Laut Aufgabentext existiert der Wendepunkt. Ein Nachweis wäre also nicht erforderlich. Der Übung hallber wird hier der Nachweis mit Hilfe der 3. Ableitung vorgerechnet.

$f''(x) = 0$, wo $x - 2 = 0 \Leftrightarrow x = 2$

$f'''(2) \neq 0 \Rightarrow W\left(2; \frac{2}{e}\right)$

Wendetangente:

$f'(2) = \frac{-1}{e}$

$$\frac{y - \frac{2}{e}}{x-2} = \frac{-1}{e} \Rightarrow y - \frac{2}{e} = \frac{-1}{e}x + \frac{2}{e}$$

$$y = \frac{-1}{e}x + \frac{4}{e}$$

(4; 0) eingesetzt, ergibt

$0 = -\frac{1}{e} \cdot 4 + \frac{4}{e}$ (w)

$\Rightarrow$ Wendetangente geht durch den Punkt (4; 0).

b) $f'_a(x) = e^{2-\frac{x}{a}} + (x-a)\,e^{2-\frac{x}{a}} \cdot \left(-\frac{1}{a}\right) = \left(2 - \frac{1}{a}x\right) e^{2-\frac{x}{a}}$

$f''_a(x) = -\frac{1}{a}\,e^{2-\frac{x}{a}} + \left(2 - \frac{1}{a}x\right) e^{2-\frac{x}{a}} \cdot \left(-\frac{1}{a}\right) = \left(\frac{x}{a^2} - \frac{3}{a}\right) e^{2-\frac{x}{a}}$

$f''_a(x) = 0$, wo $\frac{x}{a^2} - \frac{3}{a} = 0 \Leftrightarrow x = 3a$

Laut Aufgabentext existiert der Wendepunkt.

Also: $W_a(3a; 2a\,e^{-1})$

$f'_a(3a) = -e^{-1}$ unabhängig von a!

Alle Wendetangenten haben die Steigung $-e^{-1}$ und sind folglich untereinander parallel.

24. a) Verschiebung des Graphen von $y = e^x$ um 2 nach links (s. Abb.)

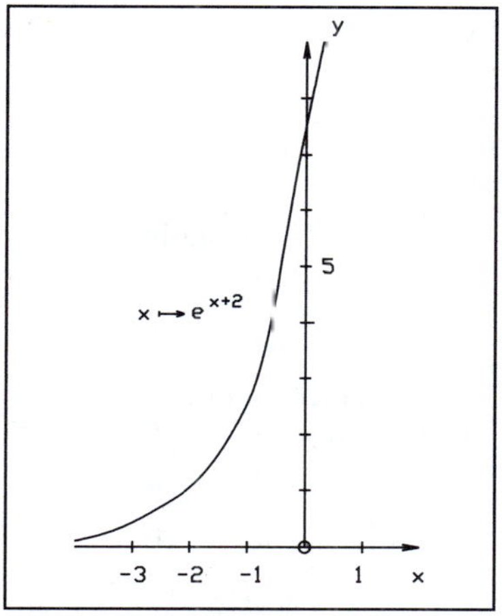

b) Spiegelung des Graphen von $y = e^x$ an der y-Achse und anschließend Verschiebung um 2 nach rechts (s. Abb.)

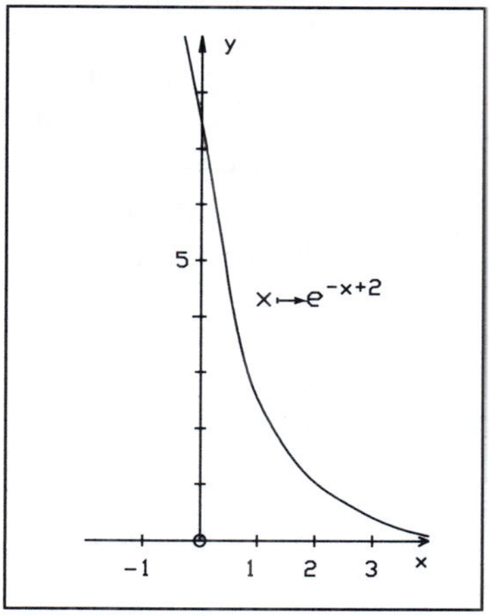

c) Spiegelung des Graphen von $y = e^x$ an der x-Achse (s. Abb.)

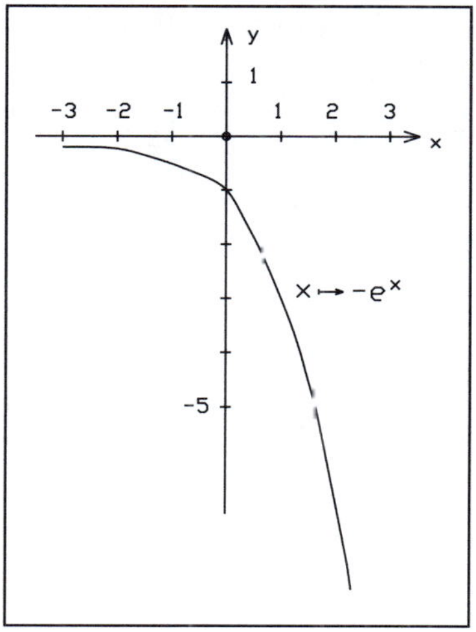

d) Verschiebung des Graphen von $y = -e^x$ um 1 nach links (s. Abb.)

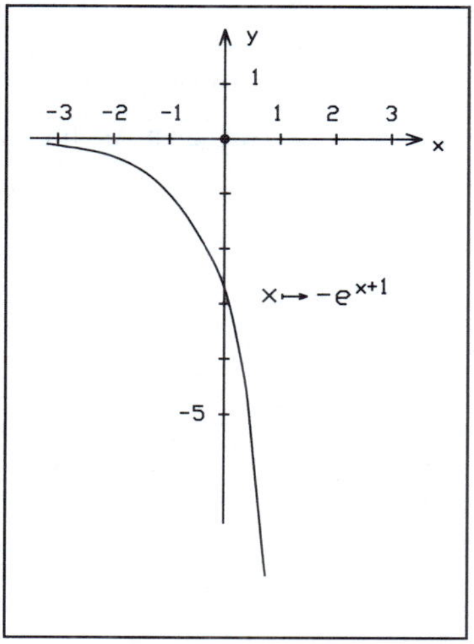

25\. a) $f(x) = \frac{x^2}{e^x} = x^2 e^{-x}$

$f'(x) = 2x e^{-x} + x^2 e^{-x} \cdot (-1) = (2x - x^2) e^{-x} = x(2-x) e^{-x}$

$\uparrow$ Produktregel

$f''(x) = (2 - 2x) e^{-x} + (2x - x^2) e^{-x} \cdot (-1) = (2 - 2x - 2x + x^2) e^{-x}$
$= (x^2 - 4x + 2) e^{-x}$

Nullstellen: $f(x) = 0 \Rightarrow x^2 = 0 \Leftrightarrow x = 0$

Nullstellen von f': $x(2-x) = 0 \Leftrightarrow x = 0 \lor x = 2$

$\left.\begin{array}{l} f'(x) < 0 \text{ für } -\infty < x < 0 \\ f'(x) > 0 \text{ für } 0 < x < 2 \\ f'(0) = 0 \end{array}\right\} \Rightarrow$ Tiefpunkt in (0; 0)

$\left.\begin{array}{l} f'(x) > 0 \text{ für } 0 < x < 2 \\ f'(x) < 0 \text{ für } 2 < x < \infty \\ f'(2) = 0 \end{array}\right\} \Rightarrow$ Hochpunkt in $(2; 4e^{-2} \approx 0{,}5)$

Nullstellen von f'': $x^2 - 4x + 2 = 0$

$\Leftrightarrow x = \frac{4 + \sqrt{16-8}}{2} \lor x = \frac{4 - \sqrt{8}}{2}$

$x = 2 + \sqrt{2} \qquad x = 2 - \sqrt{2}$

Wegen Vorzeichenwechsel von f'': $W_1 (2 - \sqrt{2}; \approx 0{,}2)$, $W_2 (2 + \sqrt{2}; \approx 0{,}2)$

$\lim_{x \to \infty} f(x) = 0; \lim_{x \to -\infty} f(x) = \infty$

x-Achse ist Asymptote für $x \to \infty$.

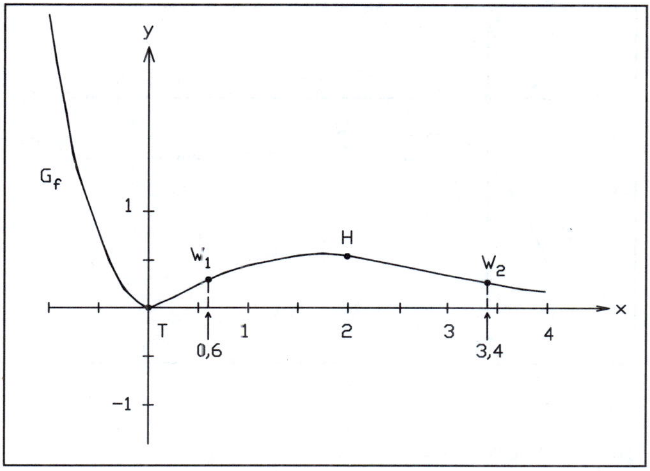

$f: x \mapsto \frac{x^2}{e^x};\ x \in \mathbb{R}$

H (2; ≈ 0,5), T (0; 0), W_1 (≈ 0,6; ≈ 0,4) W_2 (≈ 3,4; ≈ 0,4)

b) $f(x) = (x - e^x)\,e^{-x}$

$f'(x) = (1 - e^x)\,e^{-x} + (x - e^x)\,e^{-x} \cdot (-1) = (1 - x)\,e^{-x}$

$f''(x) = -1\,e^{-x} + (1 - x)\,e^{-x} \cdot (-1) = (x - 2)\,e^{-x}$

Nullstelle: $f(x) = 0 \Rightarrow x - e^x = 0 \Leftrightarrow L = \{\ \}$

Nullstelle von f': $1 - x = 0 \Leftrightarrow x = 1$

Nullstelle von f'': $x - 2 = 0 \Leftrightarrow x = 2$

$$\left.\begin{array}{l} f'(x) > 0 \text{ für } -\infty < x < 1 \\ f'(x) < 0 \text{ für } 1 < x < \infty \\ f'(1) = 0 \end{array}\right\} \Rightarrow \begin{array}{l}\text{Hochpunkt in} \\ H\left(1; \frac{1 - e}{e} \approx -0{,}6\right)\end{array}$$

Wegen Vorzeichenwechsel von f'': $W\left(2; \frac{2 - e^2}{e^2} \approx -0{,}7\right)$

$$\lim_{x \to \infty} f(x) = \lim_{x \to \infty} \left(\frac{x}{e^x} - 1\right) = -1$$

$$\lim_{x \to -\infty} f(x) = \lim_{x \to \infty} (-x - e^{-x})\,e^x = \lim_{x \to \infty} (-x\,e^x - 1) = -\infty$$

Die Gerade $y = -1$ ist Asymptote für $x \to \infty$.

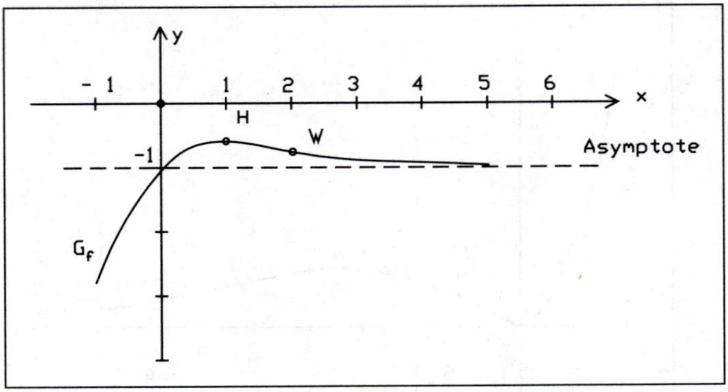

$f: x \mapsto \frac{x - e^x}{e^x}$; $x \in \mathbb{R}$

H (1; ≈ – 0,6), W (2; ≈ – 0,7)

c) $f(x) = \frac{1}{2}(2 - e^x)^2$

$f'(x) = -e^x(2 - e^x)$

$f''(x) = -e^x(2 - e^x) + (-e^x)(-e^x) = -e^x(2 - 2e^x) = -2e^x(1 - e^x)$

Nullstelle: $f(x) = 0 \Rightarrow 2 - e^x = 0 \Leftrightarrow x = \ln 2$

Nullstelle von f': $2 - e^x = 0 \Leftrightarrow x = \ln 2$

Nullstelle von f'': $1 - e^x = 0 \Leftrightarrow x = 0$

Wegen Vorzeichenwechsel von f' ⇒ T (ln 2; 0)

Wegen Vorzeichenwechsel von f'' ⇒ $W\left(0; \frac{1}{2}\right)$

$\lim_{x \to \infty} f(x) = \infty$

$\lim_{x \to -\infty} f(x) = \lim_{x \to \infty} \frac{1}{2}(2 - e^{-x})^2 = \frac{4}{2} = 2$

Die Gerade y = 2 ist Asymptote für $x \to -\infty$.

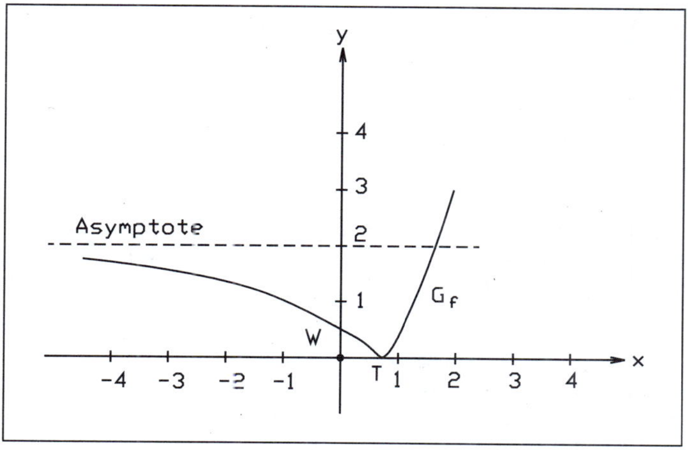

$f: x \mapsto \frac{1}{2}(2 - e^x)^2;\ x \in \mathbb{R}$

$T(\ln 2; 0)$, $W\left(0; \frac{1}{2}\right)$

d) $f(x) = (x + 1)\, e^{-x}$
$f'(x) = e^{-x} + (x + 1)\, e^{-x} \cdot (-1) = -x\, e^{-x}$
$f''(x) = -1\, e^{-x} + (-x)\, e^{-x} \cdot (-1) = (x - 1)\, e^{-x}$
Nullstelle: $x + 1 = 0 \Leftrightarrow x = -1$
Nullstelle von f': $x = 0$
Nullstelle von f'': $x - 1 = 0 \Leftrightarrow x = 1$
Wegen Vorzeichenwechsel von f' $\Rightarrow$ H (0; 1)
Wegen Vorzeichenwechsel von f'' $\Rightarrow$ $W\left(1; \frac{2}{e} \approx 0{,}7\right)$

$\lim_{x \to \infty} f(x) = 0$

$\lim_{x \to -\infty} f(x) = \infty$

Die x-Achse ist Asymptote für $x \to \infty$.

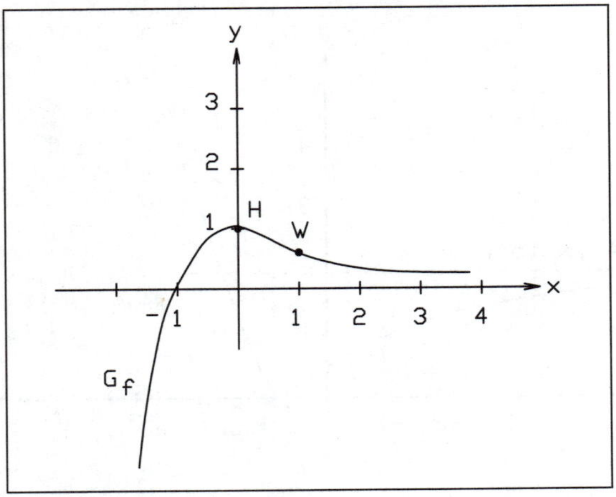

f: $x \mapsto (x+1)\,e^{-x}$; $x \in \mathbb{R}$

$H(0;\,1)$, $W\left(1;\,\frac{2}{e}\right)$

26. $f_k(x) = x - k\,e^x;\ k \in \mathbb{R}^+$

$f_k'(x) = 1 - k\,e^x;\ f_k''(x) = -k\,e^x$

Nullstelle von f_k': $1 - k\,e^x = 0 \Leftrightarrow e^x = \frac{1}{k} \Leftrightarrow x = \ln\frac{1}{k}$

$\Leftrightarrow x = \ln 1 - \ln k$

$\Leftrightarrow x = -\ln k$

$f_k''(-\ln k) = -k\,e^{-\ln k} = \frac{-k}{e^{\ln k}} = \frac{-k}{k} = -1$

$\Rightarrow T_k(-\ln k;\ -\ln k - 1)$

$x = -\ln k \qquad (1)$

$y = -\ln k - 1 \qquad (2)$

Wir eliminieren k, indem wir (1) in (2) einsetzen:

$y = x - 1$

Die Menge aller Tiefpunkte liegt auf der Geraden $y = x - 1$.

7. Flächenberechnung

27. $A = \int_{-e}^{e} \frac{1}{2} (e^x + e^{-x})\, dx \underset{\uparrow}{=} \frac{1}{2} \int_{0}^{e} (e^x + e^{-x})\, dx$

Wir nutzen die Symmetrie aus.

$= [e^x - e^{-x}]_0^e = [e^e - e^{-e} - (1 - 1)] = (e^e - e^{-e})$

$\approx 15{,}1$ [FE]

Anmerkung: Tastenfolge zur Berechnung von e^e ($\approx 15{,}15$): [1] [e^x] [e^x]

28. $\mathbf{G_g \cap G_f}$:

$$\begin{aligned} & 5 - 4e^{-x} = e^x \quad | \cdot e^x \\ \Leftrightarrow\ & 5e^x - 4 = e^{2x} \\ \Leftrightarrow\ & e^{2x} - 5e^x + 4 = 0 \end{aligned}$$

Wir setzen $e^x = z$:

$z^2 - 5z + 4 = 0 \Leftrightarrow (z-1)(z-4) = 0 \Leftrightarrow z = 1 \vee z = 4$

Also:

$$\begin{aligned} & e^x = 1 \vee && e^x = 4 \\ \Leftrightarrow\ & x = 0 && \Leftrightarrow x = \ln 4 \\ & && \Leftrightarrow x = 2 \ln 2 \end{aligned}$$

Die Geraden schneiden sich in den Punkten S_1 (0; 1) und S_2 (2 ln 2; 4).

Inhalt des eingeschlossenen Flächenstücks:

$$A = \int_{0}^{2\ln 2} (5 - 4e^{-x} - e^x)\, dx = [5x + 4e^{-x} - e^x]_0^{2\ln 2}$$

$$= 10 \ln 2 + 4 \cdot e^{-\ln 4} - e^{\ln 4} - (0 + 4 - 1)$$

$$= 10 \ln 2 + 4 \cdot \frac{1}{e^{\ln 4}} - 4 - 3 = 10 \ln 2 + 4 \cdot \frac{1}{4} - 7$$

$$= 10 \ln 2 - 6 \approx 0{,}93 \text{ [FE]}$$

29. $A = \int_0^3 (5 - e^{-x} - e^{-x})\,dx = [5x + 2e^{-x}]_0^3$

$= 15 + 2e^{-3} - 2 \approx 13{,}1$ [FE]

30. a) $A(t) = \int_0^t (x+1)\,e^{-x}\,dx = [-e^{-x}(x+2)]_0^t =$

$= -e^{-t}(t+2) + 2$ [FE]

b) $\lim_{t \to \infty} \left[\frac{-(t+2)}{e^t} + 2\right] = 2$ [FE]

31. a) $\lim_{x \to -\infty} (e^x - 2)^2 = 4$

b) $(e^x - 2)^2 = 4 \Leftrightarrow |e^x - 2| = 2$

$\Leftrightarrow \quad e^x - 2 = 2 \quad \vee \; -(e^x - 2) = 2$

$\Leftrightarrow \quad x = \ln 4 \qquad \Leftrightarrow e^x = 0$

$L = \{\}$

$\Rightarrow S(\ln 4; 4)$

c) $A = \int_{-4}^{\ln 4} [4 - (e^x - 2)^2]\,dx = \int_{-4}^{\ln 4} (4 - e^{2x} + 4e^x - 4)\,dx =$

$= \int_{-4}^{\ln 4} (4e^x - e^{2x})\,dx = \left[4e^x - \frac{1}{2}e^{2x}\right]_{-4}^{\ln 4} =$

$= 4e^{\ln 4} - \frac{1}{2}e^{2\ln 4} - 4e^{-4} + \frac{1}{2}e^{-8} =$

$= 16 - \frac{1}{2} \cdot 16 - 4e^{-4} + \frac{1}{2}e^{-8} = 8 - 4e^{-4} + \frac{1}{2}e^{-8} \approx 7{,}93$ [FE]

32. a) $F'(x) = -e^{1-x} \cdot (-1) - [e^{1-x} + x\,e^{1-x} \cdot (-1)] =$
$= e^{1-x} - (e^{1-x} - x\,e^{1-x}) = x\,e^{1-x}$

b) $\int\limits_{-1}^{k} x\,e^{1-x}\,dx = [-e^{1-x} - x\,e^{1-x}]_{-1}^{k} =$

$= -e^{1-k} - k\,e^{1-k} - (-e^2 + 1 \cdot e^2) = e^{1-k}(-1-k) = -(1+k)\,e^{1-k}$

c) $\lim\limits_{k \to \infty} [-(1+k)\,e^{1-k}] = \lim\limits_{k \to \infty} \frac{-(1+k)\,e}{e^k} = \lim\limits_{k \to \infty} \left(\frac{-e}{e^k} + \frac{-ek}{e^k}\right) =$
$= 0 + 0 = 0$

Die ins Unendliche reichende Fläche zwischen G_f und der positiven x-Achse hat denselben Flächeninhalt wie die Fläche, die von G_f mit der Vertikalen $x = -1$ sowie der negativen x-Achse eingeschlossen wird.

33. $f(x) = e^{1-0{,}5\,x^2}$
$f'(x) = -x\,e^{1-0{,}5\,x^2}$
$f''(x) = -e^{1-0{,}5\,x^2} + (-x)\,e^{1-0{,}5\,x^2} \cdot (-x)$
$= e^{1-0{,}5\,x^2}(x^2 - 1)$
$f'(x) = 0 \Rightarrow x = 0$
$f''(x) = 0 \Rightarrow x = 1 \lor x = -1$

Wegen Vorzeichenwechsel von f' $\Rightarrow$ G_f hat Hochpunkt in (0; e).

Wegen Vorzeichenwechsel von f'' $\Rightarrow$ $G_{f'}$ hat Tiefpunkt in $(1; -\sqrt{e})$ und Hochpunkt in $(-1; \sqrt{e})$.

G_f ist symmetrisch zur y-Achse; $G_{f'}$ ist punktsymmetrisch zum Ursprung. Beide Graphen nähern sich der x-Achse asymptotisch.

$$A = \left| \int\limits_{0}^{1} -x\,e^{1-0{,}5\,x^2}\,dx \right| = \left| [e^{1-0{,}5\,x^2}]_{0}^{1} \right| = |\,e^{0{,}5} - e\,| \approx 1{,}07\ [FE]$$

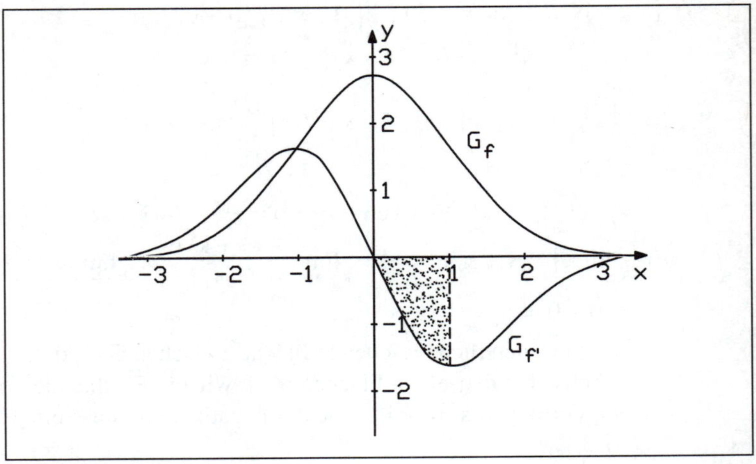

f: $x \mapsto e^{1-0{,}5\,x^2}$; $x \in \mathbb{R}$

f ': $x \mapsto -x\,e^{1-0{,}5\,x^2}$; $x \in \mathbb{R}$

34. a)

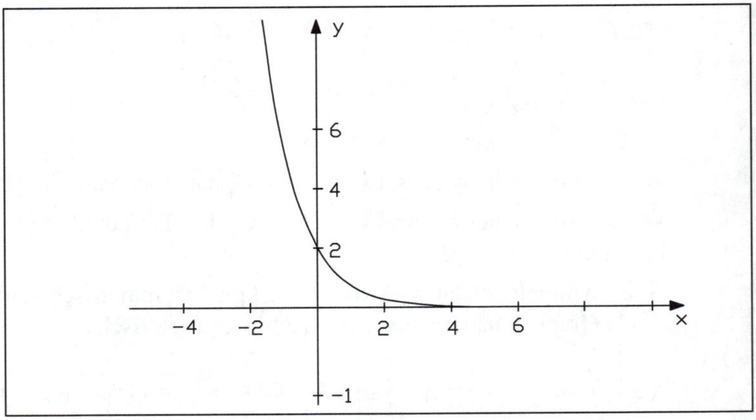

b) $$A(t) = \int_0^t 2\,e^{-a\,x}\,dx = \left[-\frac{2}{a}e^{-a\,x}\right]_0^t = -\frac{2}{a}e^{-a\,t} + \frac{2}{a}$$

$$\lim_{t\to\infty} A(t) = \lim_{t\to\infty}\left(-\frac{2}{a}e^{-a\,t} + \frac{2}{a}\right) = \frac{2}{a}$$

Aus dem Ansatz $\frac{2}{a} = 3$

folgt $a = \frac{2}{3}$

35. a) *Nullstellen:*

$f(x) = 0$, wo $2e^x - e^{2x} = 0 \Leftrightarrow e^x(2 - e^x) = 0$
$\Leftrightarrow 2 - e^x = 0$
$\Leftrightarrow x = \ln 2$

relative Extrema.

$f'(x) = 2e^x - 2e^{2x} = 2(e^x - e^{2x}) = 2e^x(1 - e^x)$

$f'(x) = 0 \Rightarrow 1 - e^x = 0 \Leftrightarrow 1 = e^x \Leftrightarrow x = 0$

$\left.\begin{array}{l} f'(x) > 0 \quad \text{für } -\infty < x < 0 \\ f'(x) < 0 \quad \text{für } 0 < x < \infty \\ f'(0) = 0 \end{array}\right\} \Rightarrow$ Hochpunkt in H (0 ; 1)

Wendestellen:

$f''(x) = 2e^x(-e^x) + (1 - e^x)\,2e^x$
$= 2e^x(1 - 2e^x)$

$f''(x) = 0 \Rightarrow 1 - 2e^x = 0 \Leftrightarrow \frac{1}{2} = e^x$
$\Leftrightarrow \ln\frac{1}{2} = x$
$\Leftrightarrow x = -\ln 2$

Wegen Vorzeichenwechsel von f'' $\Rightarrow$ Wendepunkt in

$W\left(-\ln 2\,;\,\frac{3}{4}\right)$

$f(-\ln 2) = 2e^{-\ln 2} - e^{2(-\ln 2)} = 2\frac{1}{e^{\ln 2}} - e^{-\ln 2^2} =$

$= \frac{2}{2} - \frac{1}{e^{\ln 4}} = 1 - \frac{1}{4} = \frac{3}{4}$

Verhalten für $|x| \to \infty$:

$\lim\limits_{x \to \infty} = -\infty$

$\lim\limits_{x \to -\infty} f(x) = \lim\limits_{x \to \infty} 2e^{-x} - e^{2(-x)} = 0 - 0 = 0$

b) *Graph:*

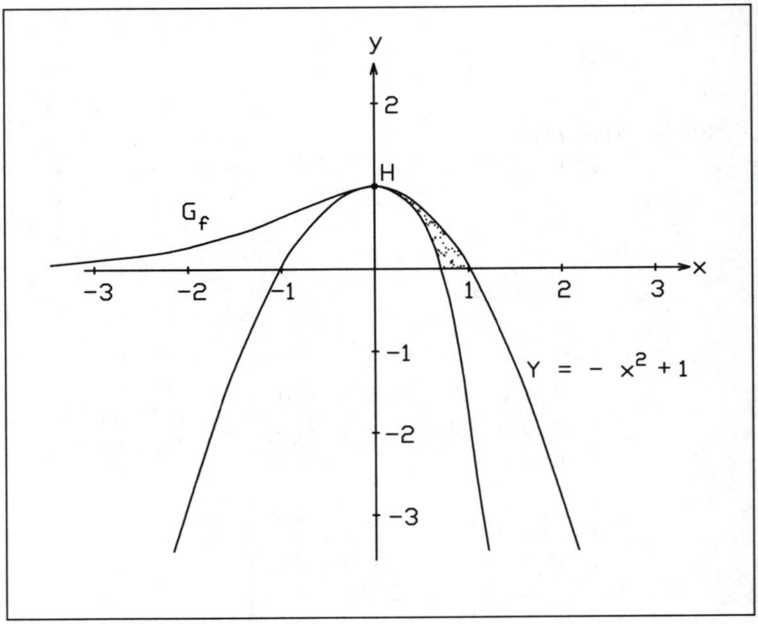

f: $x \longmapsto 2\,e^x - e^{2x}$; $x \in \mathbb{R}$

c)
$$A = \int_0^1 (-x^2+1)\,dx - \int_0^{\ln 2} (2\,e^x - e^{2\,x})\,dx =$$

$$= \left[-\frac{x^3}{3} + x\right]_0^1 - \left[2\,e^x - \frac{1}{2}\,e^{2\,x}\right]_0^{\ln 2} =$$

$$= -\frac{1}{3} + 1 - \left(2\,e^{\ln 2} - \frac{1}{2}\,e^{2\ln 2} - 2 + \frac{1}{2}\right) =$$

$$= -\frac{1}{3} + 1 - \left(2 \cdot 2 - \frac{1}{2} \cdot 4 - 2 + \frac{1}{2}\right) =$$

$$= -\frac{1}{3} + 1 - \frac{1}{2} = \frac{1}{6}\,[\text{FE}]$$

II. Natürliche Logarithmusfunktionen

1. Grundwissen

36. a) (1) – 3,170 (2) – 2,460

b) (1) 2,13 (2) – 0,65

37. a) Verschiebung des Graphen von y = ln x um 1 nach links:

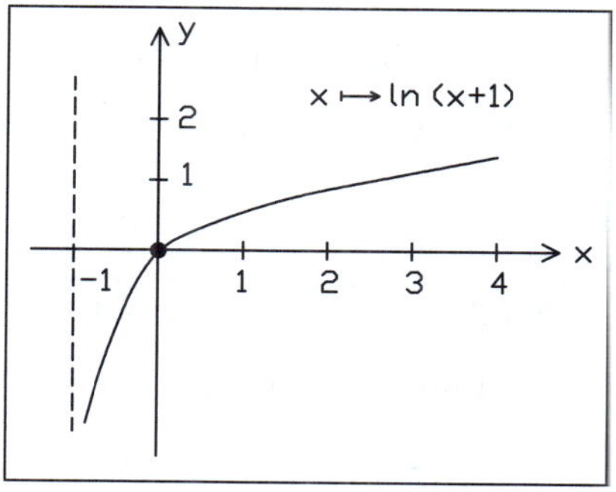

b) Verschiebung des Graphen von y = ln x um 1 nach oben:

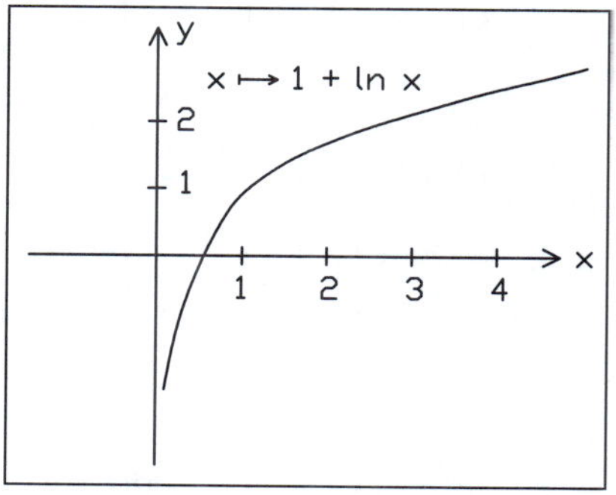

38. ☐
☒
☐

2. Algebraische Grundübungen

39. $f(0{,}5) = 1{,}95, \quad f(1) = -1{,}10$

40. a) $\frac{1}{3}\ln 27 - \ln 3 + \frac{1}{2}\ln 64 - 2\ln 2^2 = \frac{1}{3}\ln 3^3 - \ln 3 + \frac{1}{2}\ln 8^2 - 2\ln 2^2 =$

$= \frac{3}{3}\ln 3 - \ln 3 + \ln 8 - 4\ln 2 = 3\ln 2 - 4\ln 2 = -\ln 2$

b) $2\ln 1 - 4\ln 2 + \ln\frac{1}{3} + 4\ln 3 = 0 - 4\ln 2 + \ln 1 - \ln 3 + 4\ln 3 =$

$= -4\ln 2 + 3\ln 3 = \ln\frac{3^3}{2^4} = \ln\frac{27}{16}$

41. a) $(\ln e^2)^2 - \ln\sqrt{e} + \sqrt{\ln e} = 4 - \frac{1}{2} + 1 = 4{,}5$

b) $\ln e^{-1} - \ln 2e + \ln 2 = -1 - (\ln 2 + \ln e) + \ln 2 =$

$= -1 - \ln 2 - 1 + \ln 2 = -2$

c) $-4e + 2e\ln e^2 + 4 - 2\ln e = -4e + 4e\ln e + 4 - 2\ln e =$

$= -4e + 4e + 4 - 2 = 2$

d) $e^{2\ln e} - e^{\ln\sqrt{e}} =$

$= e^{\ln e^2} - e^{\ln e^{1/2}} =$

$= e^2 - e^{1/2} = e^2 - \sqrt{e} \approx 5{,}74$

42. a) $\ln x^2 = 2;\ x \in \mathbb{R}\setminus\{0\}$

$\Leftrightarrow x^2 = e^2$

$\Leftrightarrow x = e \lor x = -e$

$L = \{e; -e\}$

b) $2\ln x = 1;\ x \in \mathbb{R}^+$

$\Leftrightarrow \ln x = 0{,}5$

$\Leftrightarrow x = e^{0{,}5}$

$L = \{\sqrt{e}\}$

c) $(\ln x + 1)^2 = 2;\ x \in \mathbb{R}^+$

$\Leftrightarrow |\ln x + 1| = \sqrt{2}$

$\Leftrightarrow \quad \ln x + 1 = \sqrt{2} \ \vee \ -(\ln x + 1) = \sqrt{2}$

$\Leftrightarrow \quad x = e^{\sqrt{2} - 1} \qquad \Leftrightarrow x = e^{-(\sqrt{2} + 1)}$

$L = \{ e^{\sqrt{2} - 1};\ e^{-(\sqrt{2} + 1)}\}$

d) $x \ln x = x;\ x \in \mathbb{R}^+$

$\Leftrightarrow \quad x \ln x - x = 0$

$\Leftrightarrow x (\ln x - 1) = 0$

$\Leftrightarrow \quad \ln x - 1 = 0$

$\Leftrightarrow \quad x = e$

$L = \{e\}$

e) $2 \ln x - (\ln x)^2 = 0;\ x \in \mathbb{R}^+$

$\Leftrightarrow \ln x\,(2 - \ln x) = 0$

$\Leftrightarrow \ln x = 0 \ \vee \ 2 - \ln x = 0$

$x = 1 \qquad x = e^2$

$L = \{1; e^2\}$

f) $\ln 2x = \frac{1}{2};\ x \in \mathbb{R}^+$

$\Leftrightarrow 2x = e^{1/2}$

$\Leftrightarrow \quad x = \frac{1}{2} e^{1/2}$

$L = \left\{\frac{1}{2} e^{0,5}\right\}$

g) $2 + 2 \ln x = 0;\ x \in \mathbb{R}^+$

$\Leftrightarrow 1 + \ln x = 0$

$\Leftrightarrow \quad \ln x = -1$

$\Leftrightarrow \quad x = e^{-1}$

$L = \{e^{-1}\}$

h) $1 - \ln |x| = 0;\ x \in \mathbb{R} \setminus \{0\}$

$\Leftrightarrow \quad \ln |x| = 1$

$\Leftrightarrow \quad x = e \ \vee \ x = -e$

$L = \{e; -e\}$

43. a) $y = \frac{1}{2}\ln(x-2)$

Nullstelle: $y = 0 \Rightarrow \frac{1}{2}\ln(x-2) = 0$

$\Leftrightarrow \quad x - 2 = 1$

$\Leftrightarrow \quad x = 3$

b) $y = \ln(x^2 - 1)$

Nullstelle: $y = 0 \Rightarrow \ln(x^2-1) = 0$

$\Leftrightarrow \quad x^2 - 1 = 1$

$\Leftrightarrow \quad x^2 = 2$

$\Leftrightarrow \quad x = \sqrt{2} \vee x = -\sqrt{2}$

3. Differenzieren mit der Kettenregel, der Quotientenregel und der Produktregel

44. a) $f(x) = \ln\frac{x}{2} \Rightarrow f'(x) = \frac{1}{\frac{x}{2}} \cdot \frac{1}{2} = \frac{1}{x}$

b) $f(x) = \ln\frac{1}{x} \Rightarrow f'(x) = \frac{1}{\frac{1}{x}}\left(-\frac{1}{x^2}\right) = -\frac{1}{x}$

c) $f(x) = 2\ln\left(\frac{1}{x}\right)^2 \Rightarrow f'(x) = 2\frac{1}{\left(\frac{1}{x}\right)^2} \cdot 2\left(\frac{1}{x}\right)\left(\frac{-1}{x^2}\right) = \frac{-4}{x}$

d) $f(x) = \ln(x^2 + 2x) \Rightarrow f'(x) = \frac{1}{x^2 + 2x} \cdot (2x + 2) = \frac{2(x+1)}{x(x+2)}$

e) $f(x) = \frac{\ln x}{x} \Rightarrow f'(x) = \frac{x \cdot \frac{1}{x} - \ln x}{x^2} = \frac{1 - \ln x}{x^2}$

f) $f(x) = \frac{\ln x^2}{x} \Rightarrow f'(x) = \frac{x \cdot \frac{1}{x^2} \cdot 2x - \ln x^2}{x^2} = \frac{2 - \ln x^2}{x^2}$

g) $f(x) = \sqrt{x} \cdot \ln x \Rightarrow f'(x) = \sqrt{x} \cdot \frac{1}{x} + \ln x \cdot \frac{1}{2\sqrt{x}} = \frac{\sqrt{x}}{x} + \frac{1}{2}\frac{\sqrt{x}}{x}\ln x =$

$= \frac{\sqrt{x}}{x}\left(1 + \frac{1}{2}\ln x\right)$

h) $f(x) = x(-2 + \ln x) \Rightarrow f'(x) = x\left(\frac{1}{x}\right) + (-2 + \ln x) \cdot 1 =$

$= 1 - 2 + \ln x = -1 + \ln x$

i) $f(x) = \ln|2x| \Rightarrow f'(x) = \frac{1}{|2x|} \cdot 2 \cdot \operatorname{sgn}(x) = \frac{1}{x}$

oder

$$f(x) = \ln|2x| = \begin{cases} \ln 2x & \text{für } x \in \mathbb{R}^+ \\ \ln(-2x) & \text{für } x \in \mathbb{R}^- \end{cases}$$

$$f'(x) = \begin{cases} \frac{1}{2x} \cdot 2 = \frac{1}{x} & \text{für } x \in \mathbb{R}^+ \\ -\frac{1}{2x}(-2) = \frac{1}{x} & \text{für } x \in \mathbb{R}^- \end{cases}$$

Also:

$$f'(x) = \frac{1}{x} \text{ für } x \in \mathbb{R} \setminus \{0\}$$

j) $f(x) = (\ln x)^2 - x \ln x \Rightarrow f'(x) = 2 \ln x \cdot \frac{1}{x} - \left(x \cdot \frac{1}{x} + \ln x\right)$

$$= \frac{2}{x} \ln x - 1 - \ln x$$

45. a) $f(x) = (\ln x)^2 \Rightarrow f'(x) = 2 \ln x \cdot \frac{1}{x} = \frac{2}{x} \ln x$

$$f''(x) = \frac{2}{x} \cdot \frac{1}{x} + \ln x \cdot \left(\frac{-2}{x^2}\right) = \frac{2}{x^2}(1 - \ln x)$$

b) $f'(1) = 0 \Rightarrow$ Graph hat an der Stelle $x = 1$ eine horizontale Tangente.
$f''(1) = 2 \wedge f'(1) = 0 \Rightarrow$ Graph hat an der Stelle $x = 1$ einen Tiefpunkt.

46. a) $f'(x) = \frac{1}{\ln x} \cdot \frac{1}{x} = \frac{1}{x \ln x}$

b) $f'(x) = x \cdot \frac{1}{\sqrt{x}} \cdot \frac{1}{2\sqrt{x}} + 1 \cdot \ln \sqrt{x} =$

$$= \frac{1}{2} + \ln \sqrt{x}$$

c) $f'(x) = \frac{1}{2\sqrt{\ln x}} \cdot \frac{1}{x} - \frac{1}{\sqrt{x}} \cdot \frac{1}{2\sqrt{x}}$

$$= \frac{1}{2x\sqrt{\ln x}} - \frac{1}{2x}$$

d) $f(x) = \ln 1 - \ln (1 - e^x)^2$

$$= 0 - 2 \ln (1 - e^x)$$

$$= -2 \ln (1 - e^x)$$

$$f'(x) = -2 \cdot \frac{1 \cdot (-e^x)}{1 - e^x} = \frac{2\,e^x}{1 - e^x}$$

47. a) $$f_k'(x) = \frac{1}{\frac{2x-k}{3x}} \cdot \frac{2 \cdot (3x) - (2x-k) \cdot 3}{9x^2}$$

$$= \frac{3x}{2x-k} \cdot \frac{6x - 6x + 3k}{9x^2} = \frac{3k}{3x\,(2x-k)}$$

b) $$f_k'(x) = \frac{1}{2} - \frac{1}{k - e^{x/2}} \cdot \left(e^{-x/2} \cdot \frac{1}{2}\right)$$

$$= \frac{1}{2} + \frac{0{,}5\,e^{x/2}}{k - e^{x/2}}$$

4. Monotonieverhalten

48. a) $f(x) = x(2 - \ln x); \mathbb{D}_f =]0; \infty[$

$f'(x) = 1 \cdot (2 - \ln x) + x \cdot \left(-\frac{1}{x}\right) = 2 - \ln x - 1 = 1 - \ln x$

$f'(x) = 0 \Rightarrow 1 - \ln x = 0 \Leftrightarrow x = e$

Bereich	Aussage über f'(x)	Monotonieaussage
$0 < x < e$	$f'(x) > 0$	f streng monoton wachsend
$e < x < \infty$	$f'(x) < 0$	f streng monoton abnehmend

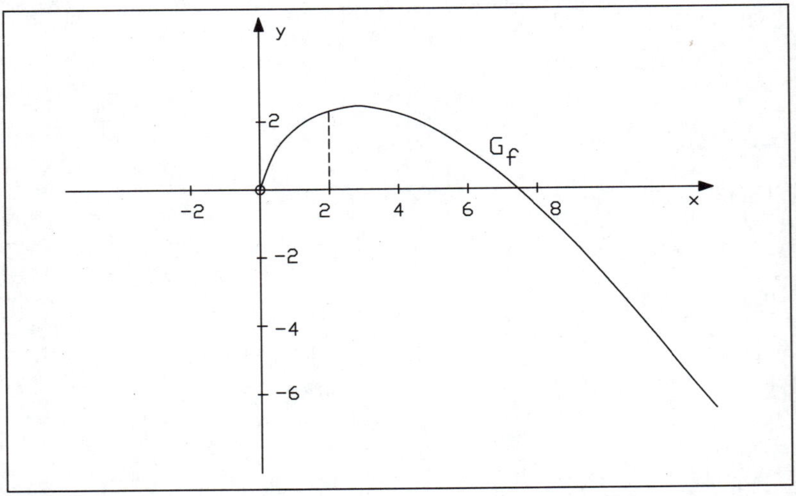

f: $x \mapsto x(2 - \ln x); \quad x \in \mathbb{R}^+$

b) $f(x) = \ln \frac{x}{4 - x}; \mathbb{D}_f =]0; 4[$

$$f'(x) = \frac{1}{\frac{x}{4-x}} \cdot \frac{4 - x - x \cdot (-1)}{(4-x)^2} = \frac{4-x}{x} \cdot \frac{4}{(4-x)^2} = \frac{4}{x(4-x)}$$

$f'(x) > 0$ für $0 < x < 4 \Rightarrow$ f streng monoton wachsend

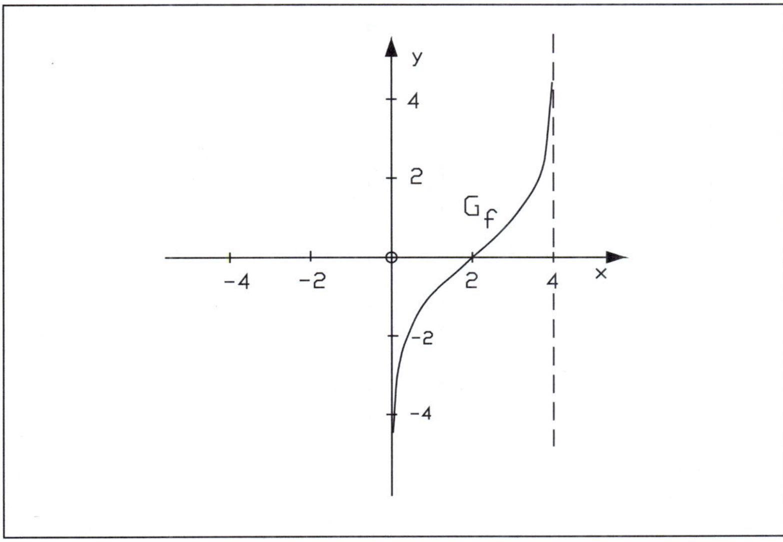

f: $\mapsto \ln \frac{x}{x-4}$; $x \in]0;4[$

c) $f(x) = \ln(1 - x^2)$; $\mathbb{D}_f =]-1;1[$

$$f'(x) = \frac{1}{1-x^2} \cdot (-2x) = \frac{-2x}{1-x^2}$$

$$f'(x) = 0 \Rightarrow x = 0$$

Bereich	Aussage über f'(x)	Monotonieaussage
$-1 < x < 0$	$f'(x) > 0$	f streng monoton wachsend
$0 < x < 1$	$f'(x) < 0$	f streng monoton abnehmend

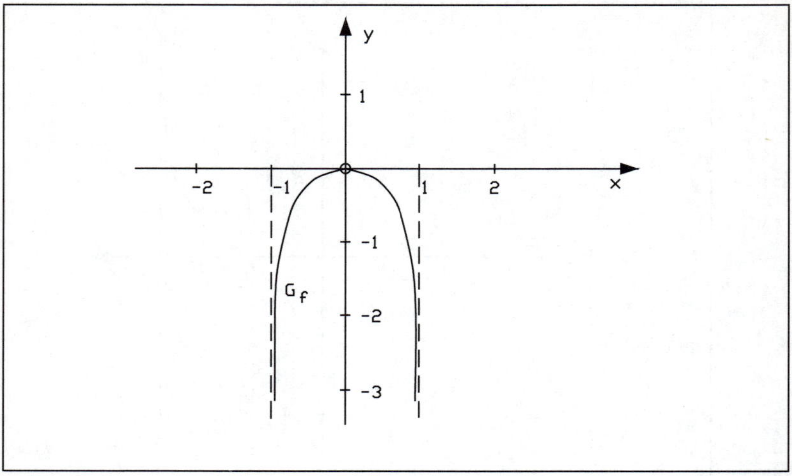

f: $x \mapsto \ln(1 - x^2)$; $x \in]-1\,;1[$

5. Diskussion von natürlichen Logarithmusfunktionen

49. a) $\frac{1}{2}x - 1 > 0 \Leftrightarrow x > 2 \Rightarrow \mathbb{D}_f =]\,2; \infty\,[$

b) $x^2 - 1 > 0 \Leftrightarrow x^2 > 1 \Leftrightarrow -\infty < x < -1 \vee 1 < x < \infty$
$\Rightarrow \mathbb{D}_f =]-\infty; -1\,[\cup]\,1; \infty\,[$

Die Lösungsmenge der Ungleichung $x^2 - 1 > 0$ kann auch anschaulich-geometrisch gefunden werden. Dazu betrachten wir die Funktion $f: x \rightarrow y = x^2 - 1; x \in \mathbb{R}$ und stellen diese in einem Koordinatensystem graphisch dar:

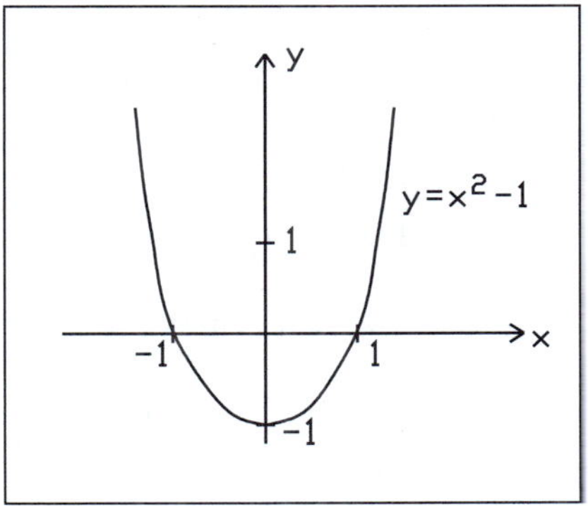

Aus der Zeichnung entnimmt man:
$y = x^2 - 1 > 0$ für $-\infty < x < 1 \vee 1 < x < \infty$
$y = x^2 - 1 < 0$ für $-1 < x < 1$

Also:
$x^2 - 1 > 0 \Leftrightarrow -\infty < x < -1 \vee 1 < x < \infty$

c) $\frac{1}{x} > 0 \Leftrightarrow x > 0 \Rightarrow \mathbb{D}_f =]\,0; \infty\,[$

d) $|x - 1| = 0 \Leftrightarrow x = 1 \Rightarrow \mathbb{D}_f = \mathbb{R} \setminus \{1\}$

e) Der Nennerterm darf nicht Null werden. Also:
$1 - \ln x = 0 \Leftrightarrow x = e \Rightarrow \mathbb{D}_f =]\,0; e\,[\cup]\,e; \infty\,[$

f) $\left.\begin{array}{l} x + 1 > 0 \Leftrightarrow x > -1 \\ \frac{1}{x} \text{ definiert für } x \in \mathbb{R} \setminus \{0\} \end{array}\right\} \Rightarrow \mathbb{D}_f =]-1; 0\,[\cup]\,0; \infty\,[$

50. a) $f(-x) = \frac{\ln(-x)^2}{-x} = -\frac{\ln x^2}{x} = -f(x) \Rightarrow$ punktsymmetrisch zum Ursprung

b) $f(-x) = 1 - (-x)^2 - \ln|-x| = 1 - x^2 - \ln|x| = f(x)$

$\Rightarrow$ symmetrisch zur y-Achse

51.

	Schnittpunkt mit der x-Achse	Schnittpunkt mit der y-Achse
a)	$f(x) = 0$, wo $-2 + \ln(x+1) = 0$ $\Leftrightarrow x + 1 = e^2$ $\Leftrightarrow x = e^2 - 1$ $\Rightarrow N(e^2 - 1); 0$	$f(0) = -2 + \ln 1 = -2$ $\Rightarrow S(0; -2)$
b)	$f(x) = 0$, wo $-x + \ln(x+2) = 0$ $\Leftrightarrow \ln(x+2) = x$ $L = \{\}$ $\Rightarrow$ keine Nullstelle	$f(0) = -0 + \ln 2 = \ln 2$ $\Rightarrow S(0; \ln 2)$

52. a) $\lim_{x \to -\infty} \ln(1 + e^x) = \lim_{x \to \infty} \ln(1 + e^{-x}) = \ln 1 = 0$

b) $\lim_{x \to \infty} (1 + e^x) = \infty$

c) $\lim_{x \to \infty} \ln \frac{e^x}{1 + e^x} = \lim_{x \to \infty} \ln \frac{1}{\frac{1}{e^x} + 1} = \ln 1 = 0$

d) $\lim_{x \to -\infty} \ln \frac{e^x}{1 + e^x} = \lim_{x \to \infty} \ln \frac{e^{-x}}{1 + e^{-x}} = -\infty$

53. a) $x = -2$ und $x = 2$ sind vertikale Asymptoten

$\lim_{|x| \to \infty} \ln|4 - x^2| = \infty \Rightarrow$ Es existieren keine horizontalen Asymptoten.

b) Es existieren keine vertikalen Asymptoten.

$\lim\limits_{x \to \infty} [\ln(1 + e^x) - x] = 0 \Rightarrow$ x-Achse ist horizontale Asymptote für $x \to \infty$

$\lim\limits_{x \to -\infty} [\ln(1 + e^x) - x] = \infty$

54. a) $f'(x) = 1 \cdot (\ln x)^2 + x \cdot 2(\ln x) \cdot \frac{1}{x} = (\ln x)^2 + 2\ln x$

$f''(x) = 2 \cdot \frac{1}{x} \ln x + \frac{2}{x} = \frac{2}{x}(\ln x + 1)$

$f''(x) = 0 \Rightarrow \ln x + 1 = 0 \Leftrightarrow x = \frac{1}{e}$

$$\left.\begin{array}{l} f''(x) < 0 \text{ für } 0 < x < \frac{1}{e} \\ f''(x) > 0 \text{ für } \frac{1}{e} < x < \infty \\ f''\left(\frac{1}{e}\right) = 0 \end{array}\right\} \Rightarrow \text{Wendepunkt in } \left(\frac{1}{e}; \frac{1}{e}\right)$$

b) $f(x) = \begin{cases} 1 - x^2 - \ln x; & x > 0 \\ 1 - x^2 - \ln(-x); & x < 0 \end{cases}$

$f'(x) = \begin{cases} -2x - \frac{1}{x}; & x > 0 \\ -2x - \frac{1}{-x} \cdot (-1) = -2x - \frac{1}{x}; & x < 0 \end{cases}$

$f''(x) = \begin{cases} -2 + \frac{1}{x^2}; & x > 0 \\ -2 + \frac{1}{x^2}; & x < 0 \end{cases}$

$f''(x) = 0 \Rightarrow -2 + \frac{1}{x^2} = 0 \Leftrightarrow x^2 = \frac{1}{2}$

$\Leftrightarrow x = \frac{1}{2}\sqrt{2} \vee x = -\frac{1}{2}\sqrt{2}$

$\Rightarrow W_1\left(\frac{1}{2}\sqrt{2}; \frac{1}{2} - \ln\frac{\sqrt{2}}{2}\right), \quad W_2\left(-\frac{1}{2}\sqrt{2}; \frac{1}{2} - \ln\frac{\sqrt{2}}{2}\right)$

55. a) $f(-x) = \frac{\ln(-x)^2}{-x} = -\frac{\ln x^2}{x} = -f(x) \Rightarrow$ punktsymmetrisch zum Ursprung

$$f'(x) = \frac{x \cdot \frac{1}{x^2} \cdot 2x - \ln x^2}{x^2} = \frac{2 - \ln x^2}{x^2}$$

$$f''(x) = \frac{x^2 \cdot \left(-\frac{1}{x^2} \cdot 2x\right) - (2 - \ln x^2) \cdot 2x}{x^4} = \frac{-2x - 2x(2 - \ln x^2)}{x^4}$$

$$= \frac{-2x(1 + 2 - \ln x^2)}{x^4} = \frac{-2(3 - \ln x^2)}{x^3}$$

Nullstellen: $x^2 = 1 \Leftrightarrow x = 1 \vee x = -1$

Nullstellen von f': $2 - \ln x^2 = 0 \Leftrightarrow x^2 = e^2$
$\Leftrightarrow x = e \vee x = -e$

$$\left.\begin{array}{l} f'(x) < 0 \text{ für } -\infty < x < -e \\ f'(x) > 0 \text{ für } -e < x < 0 \\ f'(-e) = 0 \end{array}\right\} \Rightarrow \text{Tiefpunkt in } T\left(-e; -\frac{2}{e}\right)$$

Wegen Punktsymmetrie: Hochpunkt in $H\left(e; \frac{2}{e}\right)$

Nullstellen von f'': $3 - \ln x^2 = 0 \Leftrightarrow x^2 = e^3$
$\Leftrightarrow x = e\sqrt{e} \vee = -e\sqrt{e}$

$$\left.\begin{array}{l} f''(x) < 0 \text{ für } -\infty < x < -e\sqrt{e} \\ f''(x) > 0 \text{ für } -e\sqrt{e} < x < 0 \\ f''(-e\sqrt{e}) = 0 \end{array}\right\} \Rightarrow \text{Wendepunkt in } W_1\left(-e\sqrt{e}; \frac{-3}{e\sqrt{e}}\right)$$

Wegen Punktsymmetrie: Wendepunkt in $W_2\left(e\sqrt{e}; \frac{3}{e\sqrt{e}}\right)$

$\lim\limits_{|x| \to \infty} \frac{\ln x^2}{x} = 0 \Rightarrow$ x-Achse ist Asymptote für $|x| \to \infty$

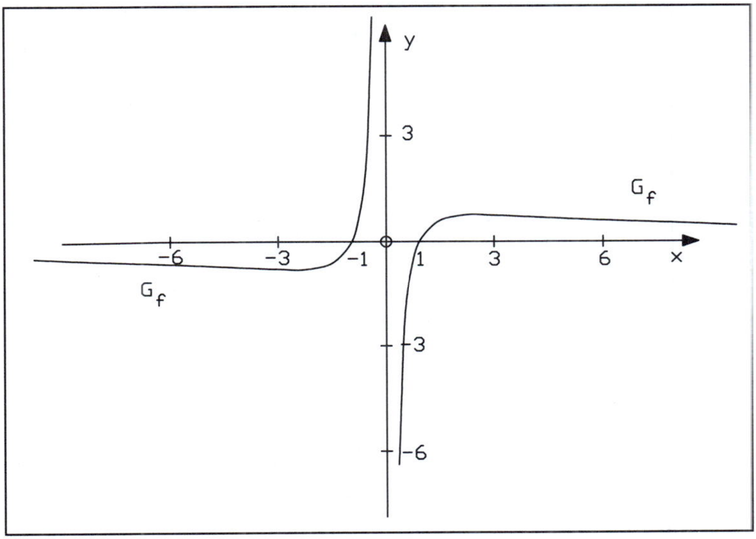

$f: x \mapsto \frac{\ln x^2}{x}; \; x \in \mathbb{R} \setminus \{0\}$

b) Wegen $\mathbb{D}_f = \mathbb{R}^+$ kann der Graph von f weder punktsymmetrisch zum Ursprung noch achsensymmetrisch zur y-Achse sein.

$$f'(x) = \frac{1}{\frac{1}{x}} \cdot \left(-\frac{1}{x^2}\right) = -\frac{1}{x}$$

$$f''(x) = \frac{1}{x^2}$$

Nullstelle: $\frac{1}{x} = 1 \Leftrightarrow x = 1$

$f'(x) < 0$ für $x \in \mathbb{R}^+ \Rightarrow G_f$ streng monton fallend

$f''(x) > 0$ für $x \in \mathbb{R}^+ \Rightarrow G_f$ linksgekrümmt im gesamten Definitionsbereich

$\lim\limits_{x \to 0+} \ln \frac{1}{x} = \infty \Rightarrow$ y-Achse ist vertikale Asymptote für $x \to 0+$

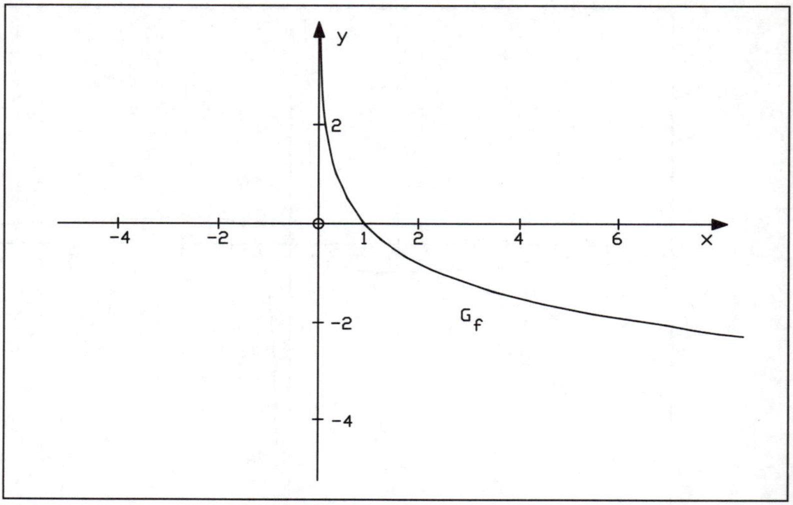

$f: x \mapsto \ln \frac{1}{x};\ x \in \mathbb{R}^+$

56. $f(x) = \ln x;\ f'(x) = \frac{1}{x}$

Tangente t im Kurvenpunkt P (x_P; y_P):

$$t: \frac{y - y_P}{x - x_P} = \frac{1}{x_P}$$

$$(0; 0) \in t \Rightarrow \frac{0 - y_P}{0 - x_P} = \frac{1}{x_P} \Leftrightarrow y_P = 1$$

$y_P = 1$ eingesetzt in $y_P = \ln x_P$, ergibt $x_P = e$

Ergebnis:
Die Tangente im Kurvenpunkt P (e; 1) geht durch den Koordinatenursprung.

$$t: \frac{y - 1}{x - e} = \frac{1}{e} \Leftrightarrow \quad y - 1 = \frac{1}{e}(x - e)$$

$$y = \frac{1}{e}x$$

57. $A(x) = x \cdot \ln \frac{1}{x}$

$$A'(x) = 1 \cdot \ln \frac{1}{x} + x \cdot \frac{1}{\frac{1}{x}} \cdot \left(-\frac{1}{x^2}\right) = \ln \frac{1}{x} - 1$$

$$A''(x) = \frac{1}{\frac{1}{x}} \cdot \left(-\frac{1}{x^2}\right) = -\frac{1}{x}$$

$$A'(x) = 0 \Rightarrow \ln \frac{1}{x} - 1 = 0 \Leftrightarrow \ln \frac{1}{x} = 1$$

$$\Leftrightarrow \frac{1}{x} = e$$

$$\Leftrightarrow x = \frac{1}{e}$$

$$\left.\begin{array}{l} A''\left(\frac{1}{e}\right) < 0 \\ A'\left(\frac{1}{e}\right) = 0 \end{array}\right\} \Rightarrow$$ Der Flächeninhalt wird maximal für $x = \frac{1}{e}$

$$A_{max} = \frac{1}{e} \ln \frac{1}{1/e} = \frac{1}{e} \ln e = \frac{1}{e} \text{ [FE]}$$

6. Flächenberechnung

58. a)

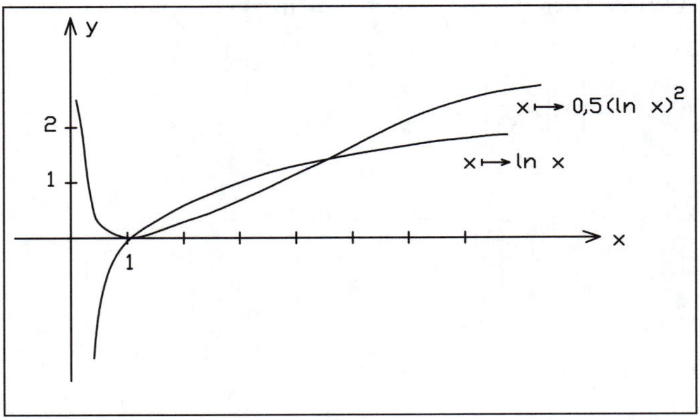

b) $F'(x) = -2\ln x + \left(-2x \cdot \frac{1}{x}\right) + x \cdot 2\ln x \cdot \frac{1}{x} + (\ln x)^2 + 2 =$

$= -2\ln x - 2 + 2\ln x + (\ln x)^2 + 2 = (\ln x)^2$

c) $G_f \cap G_g$:

$$0{,}5\,(\ln x)^2 = \ln x$$
$$\Leftrightarrow\ 0{,}5\,(\ln x)^2 - \ln x = 0$$
$$\Leftrightarrow\ \ln x\,(0{,}5\ln x - 1) = 0$$
$$\Leftrightarrow\ 0{,}5\ln x - 1 = 0 \Leftrightarrow x = e^2$$

$$A = \int_1^{e^2} [\ln x - 0{,}5\,(\ln x)^2]\,dx =$$

$$= \left[x\ln x - x + x\ln x - \frac{x}{2}\,(\ln x)^2 - x\right]_1^{e^2} =$$

$$= \left[2x\ln x - 2x - \frac{x}{2}\,(\ln x)^2\right]_1^{e^2} = 4e^2 - 2e^2 - 2e^2 + 2 = 2$$

59. a) f (x) = 0, wo

$$\begin{aligned} x + x \ln x &= 0 \wedge x > 0 \\ \Leftrightarrow \quad x(1 + \ln x) &= 0 \\ \Leftrightarrow \quad 1 + \ln x &= 0 \Leftrightarrow x = e^{-1} \end{aligned}$$

$\Rightarrow N(e^{-1}; 0)$

$$f'(x) = 1 + \ln x + x \cdot \frac{1}{x} = 2 + \ln x$$

$$f'(x) = 0 \Rightarrow x = e^{-2}$$

$$\left.\begin{array}{l} f'(x) < 0 \text{ für } 0 < x < e^{-2} \\ f'(x) > 0 \text{ für } e^{-2} < x < \infty \\ f'(e^{-2}) = 0 \end{array}\right\} \Rightarrow \begin{array}{l}\text{Tiefpunkt in} \\ T(e^{-2}; -e^{-2})\end{array}$$

$$f''(x) = \frac{1}{x} \Rightarrow \text{f hat keine Wendestellen}$$

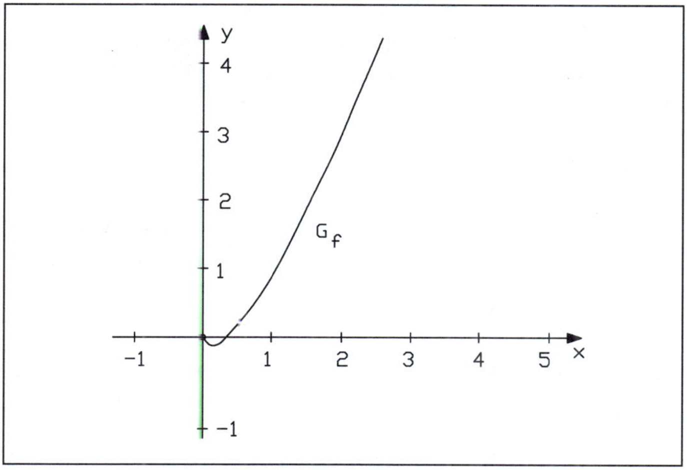

f: $\mapsto x + x \ln x;\ x \in \mathbb{R}^+$

b) $$A = \int_1^3 (x + x \ln x)\, dx = \left[\frac{x^2}{2} + x^2\left(\frac{\ln x}{2} - \frac{1}{4}\right)\right]_1^3$$

$$= \left[\frac{x^2}{4} + \frac{x^2}{2} \ln x\right]_1^3 = \frac{9}{4} + \frac{9}{2} \ln 3 - \frac{1}{4}$$

$$= 2 + \frac{9}{2} \ln 3 \approx 6{,}94 \text{ [FE]}$$

60. a) *Schnittpunkt mit der x-Achse:*

$$\frac{\ln x}{x} = 0 \Leftrightarrow x = 1$$

$$\Rightarrow N\,(1;\,0)$$

Schnittpunkt mit der y-Achse:
existiert nicht

Extrempunkte:

$$f'(x) = \frac{\frac{1}{x} \cdot x - \ln x}{x^2} = \frac{1 - \ln x}{x^2}$$

$$f'(x) = 0 \Rightarrow x = e$$

$$y = \frac{1}{e}$$

$$\left.\begin{array}{l} f'(x) > 0 \text{ für } 0 < x < e \\ f'(x) < 0 \text{ für } e < x < \infty \\ f'(e) = 0 \end{array}\right\} \Rightarrow \text{Hochpunkt in } \left(e;\,\frac{1}{e}\right)$$

Wendepunkte:

$$f''(x) = \frac{-\frac{1}{x} \cdot x^2 - (1 - \ln x)\,2\,x}{x^4} = \frac{-3\,x + 2\,x \ln x}{x^4} =$$

$$= \frac{-3 + 2 \ln x}{x^3}$$

$$f''(x) = 0 \Rightarrow -3 + 2 \ln x = 0 \Leftrightarrow x = e^{3/2}$$

$$y = \frac{1{,}5}{e^{3/2}}$$

$$\left.\begin{array}{l} f''(x) < 0 \text{ für } 0 < x < e^{3/2} \\ f''(x) > 0 \text{ für } e^{3/2} < x < \infty \\ f''(e^{3/2}) = 0 \end{array}\right\} \Rightarrow \text{Wendepunkt in } W\left(e^{3/2} \approx 4{,}5;\, \frac{1{,}5}{e^{3/2}} \approx 0{,}3\right)$$

b) Für den Berührpunkt B $(x_B;\, y_B)$ gilt:

$$(1)\ f'(x_B) = g'(x_B) \quad \Rightarrow \frac{1 - \ln x_B}{{x_B}^2} = \frac{1}{x_B}$$

$$\Leftrightarrow 1 - \ln x_B = x_B$$

$$(2)\quad f(x_B) = g(x_B) \quad \Rightarrow \frac{\ln x_B}{x_B} = \ln x_B \Leftrightarrow x_B = 1$$

(2) in (1) $1 - \ln 1 = 1$ (w)
$\Rightarrow$ B (1; 0)

c)

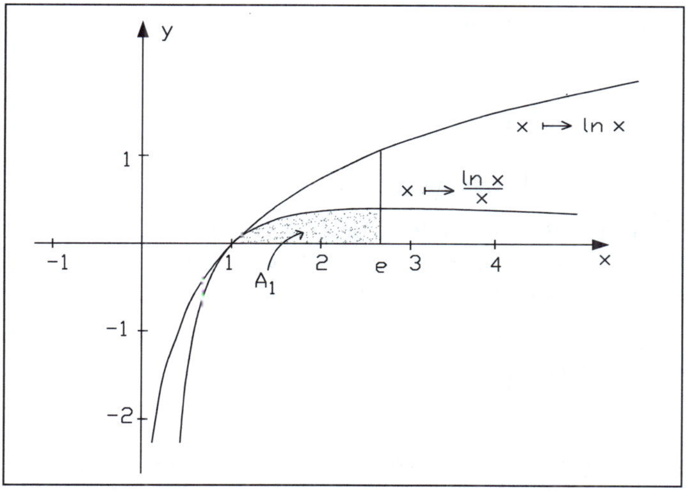

d) $F'(x) = 0{,}5 \cdot 2 \ln x \cdot \frac{1}{x} = \frac{\ln x}{x}$

e) $A_1 = \int_1^e \frac{\ln x}{x}\, dx = [0{,}5\,(\ln x)^2]_1^e = 0{,}5 - 0{,}5 \cdot 0 = 0{,}5$ [FE]

$A_2 = \int_1^e \ln x\, dx = [-x + x \ln x]_1^e = -e + e + 1 = 1$ [FE]

$A_2 = \frac{1}{2} A_1$

III. Gebrochenrationale Funktionen

1. Grundwissen

61. $f(4{,}15) \approx 1{,}8$; $f(-0{,}25) \approx 2{,}0$

62. a) $(1 - x)^2 = 0$
$\Leftrightarrow x = 1$
$\Rightarrow$ Definitionslücke: 1

b) $x^3 - 2x^2 + x = 0 \Leftrightarrow x(x^2 - 2x + 1) = 0$
$\Leftrightarrow x(x - 1)^2 = 0 \Leftrightarrow x = 0 \vee x = 1$
$\Rightarrow$ Definitionslücken: 0, 1

c) $x^2 - 9 = 0 \Leftrightarrow x = 3 \vee x = -3$
$\Rightarrow$ Definitionslücken: 3, – 3

63. a) $f(x) = 0$, wo $3x^2 - 18 = 0 \Leftrightarrow 3x(x - 6) = 0$
$\Leftrightarrow x = 0 \vee x = 6$

b) $f(x) = 0$, wo $x^2 - 7x + 10 = 0 \Leftrightarrow (x - 5)(x - 2) = 0$
$\Leftrightarrow x = 5 \vee x = 2$

2. Algebraische Grundübungen

64. a) $2x^2 - 2x - 12 = 2(x^2 - x - 6) = 2(x-3)(x+2)$

b) $(x^2 - 1)(3x^2 + 12x) = (x-1)(x+1)\,3x\,(x+4)$

65. a) $\frac{x-1}{1-x} = \frac{x-1}{-1(x-1)} = \frac{1}{-1} = -1;\ x \in \mathbb{R} \setminus \{1\}$

b) $\frac{-x^2 - 1 - 2x}{x^2 + 4x + 3} = \frac{-(x^2 + 1 + 2x)}{(x+1)(x+3)} = \frac{-(x+1)(x+1)}{(x+1)(x+3)} =$

$= \frac{-(x+1)}{x+3}\ ;\ x \in \mathbb{R} \setminus \{-1; -3\}$

66. $\frac{2}{1+x} = \frac{-x}{6} + 1 \ \Big|\ \cdot 6(1+x);\ x \in \mathbb{R} \setminus \{-1\}$

$\Leftrightarrow 2 \cdot 6 = -x(1+x) + 6(1+x)$

$\Leftrightarrow 12 = -x - x^2 + 6 + 6x$

$\Leftrightarrow 6 = -x^2 + 5x$

$\Leftrightarrow 0 = x^2 - 5x + 6$

$\Leftrightarrow 0 = (x-2)(x-3) \Leftrightarrow x = 2 \vee x = 3$

$\Rightarrow S_1\left(2; \frac{2}{3}\right), S_2\left(3; \frac{1}{2}\right)$

3. Der Graph in der Umgebung einer Definitionslücke, senkrechte Asymptoten

67. a) $x^2 - 4 = (x - 2)(x + 2)$

 b) $2; -2$

 c) $\mathbb{D}_f = \mathbb{R} \setminus \{2; -2\}$

 d) N (0; 0)

 e) f hat in 2 und – 2 jeweils einen Pol erster Ordnung mit Zeichenwechsel (siehe Abbildung)

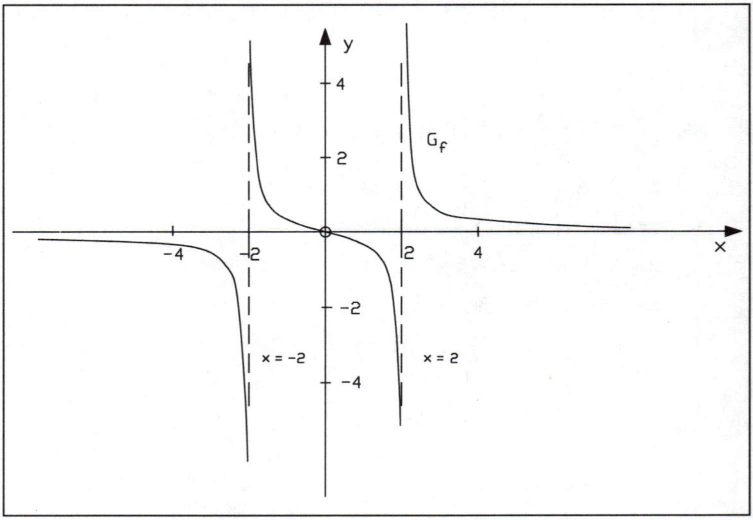

$$f: x \mapsto \frac{x}{(x-2)(x+2)} = \frac{x}{x^2 - 4}; \; x \in \mathbb{R} \setminus \{2; -2\}$$

68.

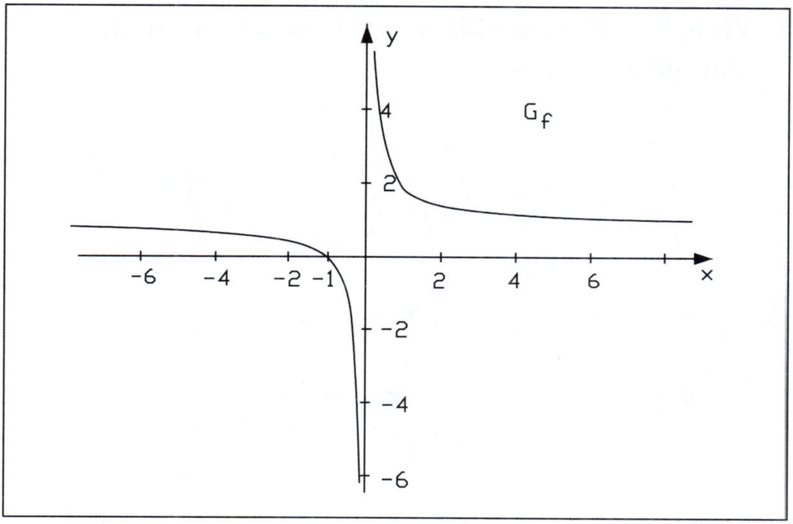

$f\colon x \mapsto \frac{x^2 + x}{x^2}$ mit $x \in \mathbb{R} \setminus \{0\}$

4. Verhalten im Unendlichen, horizontale Asymptote, schräge Asymptote

69. $\lim\limits_{x \to \infty} \frac{2x-1}{x-1} = \lim\limits_{x \to \infty} \frac{x\left(2-\frac{1}{x}\right)}{x\left(1-\frac{1}{x}\right)} = \lim\limits_{x \to \infty} \frac{2-\frac{1}{x}}{1-\frac{1}{x}} = 2$

$$\lim_{x \to -\infty} \frac{2x-1}{x-1} = \lim_{x \to -\infty} \frac{2-\frac{1}{x}}{1-\frac{1}{x}} = 2$$

Die Gerade $y = 2$ ist horizontale Asymptote des Graphen von f.
Die Gerade $x = 1$ ist vertikale Asymptote des Graphen von f.

70. $(-x^2 + 3x) : (2x - 2) = -\frac{1}{2}x + 1 + \frac{2}{2x-2}$

$$\begin{array}{l} \underline{-(-x^2 + x)} \\ \quad 2x \\ \quad \underline{-(2x-2)} \\ \qquad 2 \end{array}$$

Die Gerade $y = -\frac{1}{2}x + 1$ ist schräge Asymptote des Graphen von f.

71. $\lim\limits_{x \to \infty} \left(\frac{x^2 - 6x + 12}{x-4} - (x-2)\right) =$

$$= \lim_{x \to \infty} \frac{x^2 - 6x + 12 - (x-2)(x-4)}{x-4} =$$

$$= \lim_{x \to \infty} \frac{x^2 - 6x + 12 - x^2 + 6x - 8}{x-4} = \lim_{x \to \infty} \frac{4}{x-4} = 0$$

5. Differenzieren mit der Quotientenregel

72. a) $f'(x) = \frac{2\,(x-1) - 2\,x \cdot 1}{(x-1)^2} = \frac{-2}{(x-1)^2}$

b) $f'(x) = \frac{3\,(x^2+1) - (3\,x+2) \cdot 2\,x}{(x^2+1)^2}$

$= \frac{3\,x^2 + 3 - 6\,x^2 - 4\,x}{(x^2+1)^2}$

$= \frac{-3\,x^2 - 4\,x + 3}{(x^2+1)^2}$

73. $f'(x) = \frac{1 \cdot (x^3+2) - x \cdot 3\,x^2}{(x^3+2)^2} = \frac{-2\,x^3+2}{(x^3+2)^2} = 2\,\frac{1-x^3}{(x^3+2)^2}$

$f''(x) = 2\,\frac{-3\,x^2\,(x^3+2)^2 - (1-x^3)\,2\,(x^3+2) \cdot 3\,x^2}{(x^3+2)^4} =$

$= 2\,\frac{-3\,x^2\,(x^6+4\,x^3+4) - 6\,x^2\,(x^3+2-x^6-2\,x^3)}{(x^3+2)^4} =$

$= 2\,\frac{-3\,x^8 - 12\,x^5 - 12\,x^2 - 6\,x^5 - 12\,x^2 + 6\,x^8 + 12\,x^5}{(x^3+2)^4} =$

$= 2\,\frac{3\,x^8 - 6\,x^5 - 24\,x^2}{(x^3+2)^4} = 6\,\frac{x^2\,(x^6 - 2\,x^3 - 8)}{(x^3+2)^4} =$

$= \frac{6\,x^2\,(x^3-4)\,(x^3+2)}{(x^3+2)^4} = \frac{6\,x^2\,(x^3-4)}{(x^3+2)^3}$

$f'(1) = 0;\ f''(1) = \frac{6 \cdot (-3)}{3^3} < 0$

Der Graph hat im Punkt $\left(1; \frac{1}{3}\right)$ einen Hochpunkt.

74. a) $f_a(x) = 2 - a\,x^{-1} + x^{-2}$

$f_a'(x) = 0 + a\,x^{-2} - 2\,x^{-3} =$

$= \frac{a}{x^2} - \frac{2}{x^3}$

b) $f'_a(x) = \frac{3\,(a\,x^2 - 1) - (3\,x - a) \cdot 2\,a\,x}{(a\,x^2 - 1)^2} =$

$= \frac{3\,a\,x^2 - 3 - 6\,a\,x^2 + 2\,a^2\,x}{(a\,x^2 - 1)^2} =$

$= \frac{-3\,a\,x^2 + 2\,a^2\,x - 3}{(a\,x^2 - 1)^2}$

c) $f'_a(x) = \frac{1 \cdot (x + a) - x \cdot 1}{(x + a)^2} - \frac{1 \cdot (x - a) - x \cdot 1}{(x - a)^2} =$

$= \frac{a}{(x + a)^2} + \frac{a}{(x - a)^2} = \frac{a\,(x - a)^2 + a\,(x + a)^2}{(x + a)^2\,(x - a)^2} =$

$= \frac{a\,(x^2 - 2\,a\,x + a^2 + x^2 + 2\,a\,x + a^{2)}}{(x + a)^2\,(x - a)^2} =$

$= \frac{a\,(2\,x^2 + 2\,a^2)}{(x + a)^2\,(x - a)^2} =$

$= \frac{2\,a\,(x^2 + a^2)}{(x + a)^2\,(x - a)^2}$

6. Monotonieverhalten

75. a) $f'(x) = \dfrac{1 \cdot (x^2 - 4) - x \cdot 2x}{(x^2 - 4)^2} = \dfrac{-x^2 - 4}{(x^2 - 4)^2} = -\dfrac{x^2 + 4}{(x^2 - 4)^2}$

f ist im gesamten Definitionsbereich streng monoton abnehmend (siehe Abb. auf S. 131).

b) $f'(x) = \dfrac{(2x + 2)(x^2 + 1) - (x^2 + 2x + 1)\,2x}{(x^2 + 1)^2}$

$= \dfrac{2x^3 + 2x + 2x^2 + 2 - 2x^3 - 4x^2 - 2x}{(x^2 + 1)^2} =$

$= \dfrac{-2x^2 + 2}{(x^2 + 1)^2} = 2\,\dfrac{1 - x^2}{(x^2 + 1)^2}$

$f'(x) = 0 \Rightarrow 1 - x^2 = 0 \Leftrightarrow x = 1 \vee x = -1$

$f'(x) < 0$ für $-\infty < x < -1$

$f'(x) > 0$ für $-1 < x < 1$

$f'(x) < 0$ für $1 < x < \infty$

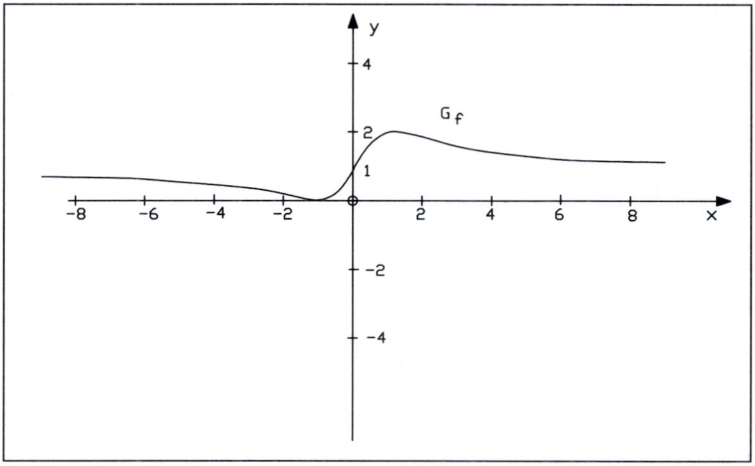

$f\colon x \mapsto \dfrac{x^2 + 2x + 1}{x^2 + 1};\quad x \in \mathbb{R}$

c) $f'(x) = \frac{-6}{x^2} + \frac{6}{x^3} = \frac{-6x+6}{x^3} = \frac{6(1-x)}{x^3}$

$f'(x) < 0$ für $-\infty < x < 0 \lor 1 < x < \infty$

$f'(x) > 0$ für $0 < x < 1$

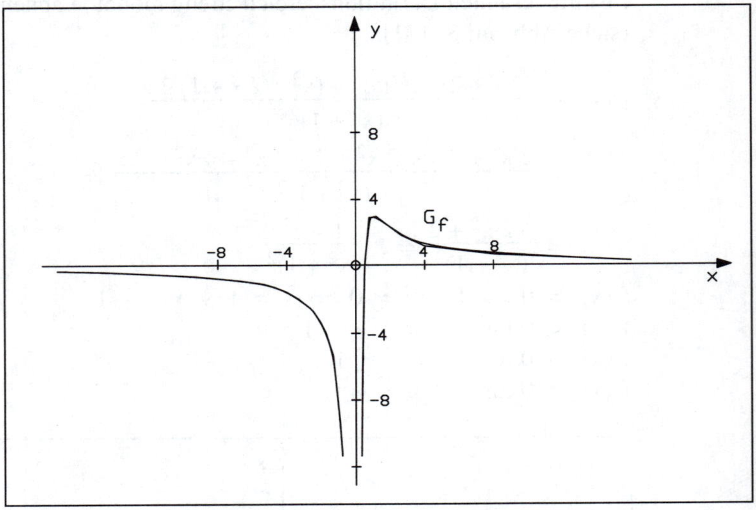

f: $x \mapsto \frac{6}{x} - \frac{3}{x^2}$; $x \in \mathbb{R} \setminus \{0\}$

d) $f'(x) = \frac{-8}{x^3} \ln \frac{1}{x} + \frac{4}{x^2} \frac{1}{\frac{1}{x}} \cdot \left(-\frac{1}{x^2}\right)$

$= \frac{-8}{x^3} \ln \frac{1}{x} - \frac{4}{x^3}$

$= -\frac{4}{x^3} \left(1 + 2 \ln \frac{1}{x}\right)$

$$f'(x) = 0 \Rightarrow 1 - 2\ln\frac{1}{x} = 0 \Leftrightarrow 2\ln\frac{1}{x} = -1$$

$$\Leftrightarrow \ln\frac{1}{x} = -\frac{1}{2}$$

$$\Leftrightarrow \frac{1}{x} = e^{-0,5}$$

$$\Leftrightarrow x = \frac{1}{e^{-0,5}}$$

$$\Leftrightarrow x = e^{0,5}$$

$f'(x) < 0$ für $0 < x < e^{0,5}$
$f'(x) > 0$ für $e^{0,5} < x < \infty$

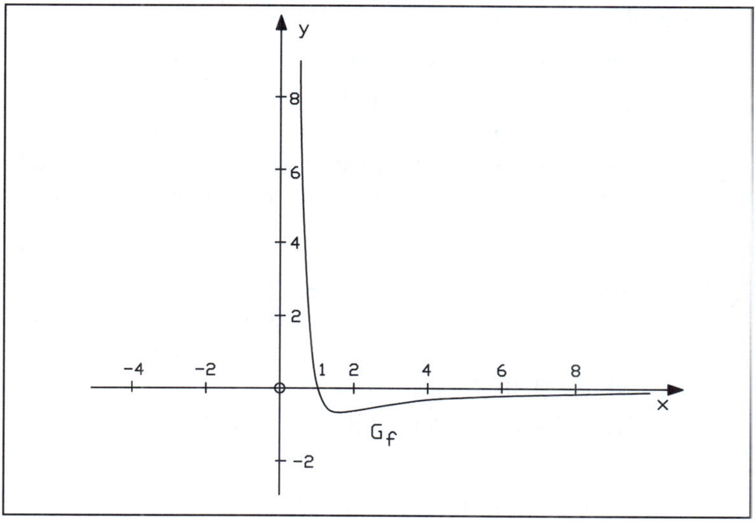

$f: x \longmapsto \frac{4}{x^2}\ln\frac{1}{x};\ x \in \mathbb{R}^+$

7. Diskussion von gebrochenrationalen Funktionen

76. a) $\mathbb{D}_f = \mathbb{R} \setminus \{1\}$

b) $\mathbb{D}_f = \mathbb{R} \setminus \{0; 2\}$

c) $\mathbb{D}_f = \mathbb{R} \setminus \{3; -1\}$
$x^2 - 2x - 3 = (x - 3)(x + 1)$

d) $\mathbb{D}_f = \mathbb{R} \setminus \{2; -2\}$

77. a) $f(-x) = -\frac{1}{2}x - \frac{1}{2x} = -f(x)$

Der Graph ist punktsymmetrisch zum Ursprung.

b) $f(-x) = \frac{(-x-1)^2}{1+(-x)^2} = \frac{[-(x+1)]^2}{1+x^2} = \frac{(x+1)^2}{1+x^2}$

Der Graph zeigt kein einfaches Symmetrieverhalten (weder symmetrisch zur y-Achse noch punktsymmetrisch zum Ursprung).

78. a) Schnittpunkte mit der x-Achse:

$f(x) = 0 \Rightarrow x^2 + 2x - 8 = 0 \Leftrightarrow (x+4)(x-2) = 0$
$\Leftrightarrow x = -4 \vee x = 2$

$\Rightarrow N_1(2; 0), N_2(-4; 0)$

Schnittpunkt mit der y-Achse: $f(0) = 2$
$\Rightarrow S(0; 2)$

b) Schnittpunkte mit der x-Achse:
$N_1(0; 0), N_2(-3; 0)$ $[2 \notin \mathbb{D}_f\,!]$

Schnittpunkt mit der y-Achse: $f(0) = 0$
$\Rightarrow G_f$ geht durch den Ursprung

79. a)

$$\lim_{|x| \to \infty} f(x) = \lim_{|x| \to \infty} \frac{x^2\left(1 + \frac{1}{x^2}\right)}{x^2\left(1 - \frac{1}{x^2}\right)} = 1$$

Die Gerade $y = 1$ ist horizontale Asymptote von G_f. In 1 und – 1 hat f jeweils einen Pol erster Ordnung. Die Geraden $x = 1$ und $x = -1$ sind vertikale Asymptoten von G_f.

b) Die y-Achse ist vertikale Asymptote von G_f; die x-Achse ist horizontale Asymptote.

80. a)
$$f'(x) = \frac{1}{2} \cdot \frac{3x^2(x-2)^2 - x^3 \cdot 2(x-2)}{(x-2)^4} = \frac{1}{2} \cdot \frac{x^2[3(x-2) - 2x]}{(x-2)^3}$$
$$= \frac{1}{2} \cdot \frac{x^2(x-6)}{(x-2)^3} = \frac{1}{2}\,\frac{x^3 - 6x^2}{(x-2)^3}$$
$$f''(x) = \frac{1}{2} \cdot \frac{(3x^2 - 12x)(x-2)^3 - x^2(x-6) \cdot 3(x-2)^2}{(x-2)^6}$$
$$= \frac{1}{2} \cdot \frac{3x(x-4)(x-2) - 3x^2(x-6)}{(x-2)^4}$$
$$= \frac{1}{2} \cdot \frac{3x(x^2 - 6x + 8 - x^2 + 6x)}{(x-2)^4} = \frac{12x}{(x-2)^4}$$
$$\left.\begin{array}{l} f''(0) = 0 \\ f''(x < 0) < 0 \\ f''(x > 0) > 0 \end{array}\right\} \text{Wendepunkt in } (0;\,0)$$

b)
$$f(-x) = \frac{-6x}{1 + (-x)^2} = -\frac{6x}{1 + x^2} = -f(x)$$

Der Graph ist punktsymmetrisch zum Ursprung. Daraus folgt, daß die drei Wendepunkte auf einer Geraden liegen.

81. a) *Definitionsbereich:*

$\mathbb{D}_f = \mathbb{R} \setminus \{1; -1\}$

Pole:

f hat in 1 und – 1 jeweils einen Pol erster Ordnung (mit Zeichenwechsel). Die Vertikalen durch 1 und – 1 sind Asymptoten des Graphen von f.

$$\lim_{x \to 1+} \frac{x^2 - 4}{(x - 1)(x + 1)} = \lim_{h \to 0} \frac{(1 + h)^2 - 4}{(1 + h - 1)(1 + h + 1)}$$

$$= \lim_{h \to 0} \frac{2h + h^2 - 3}{h(2 + h)} = -\infty$$

$$\lim_{x \to 1-} f(x) = +\infty; \quad \lim_{x \to -1+} f(x) = +\infty \text{ (Achsensymmetrie!)}$$

$$\lim_{x \to -1-} f(x) = -\infty$$

Symmetrieverhalten:

$$f(-x) = \frac{(-x)^2 - 4}{(-x)^2 - 1} = \frac{x^2 - 4}{x^2 - 1} = f(x)$$

Der Graph ist achsensymmetrisch zur y-Achse.

Gemeinsame Punkte mit den Koordinatenachsen:

$f(0) = 4 \Rightarrow S(0; 4)$

$f(x) = 0 \Rightarrow x^2 - 4 = 0 \Leftrightarrow x = 2 \vee x = -2 \Rightarrow N_1(2; 0), N_2(-2; 0)$

Verhalten für $|x| \to \infty$:

$$\lim_{|x| \to \infty} \frac{x^2\left(1 - \frac{4}{x^2}\right)}{x^2\left(1 - \frac{1}{x^2}\right)} = 1$$

Die Gerade $y = 1$ ist horizontale Asymptote von G_f.

Monotonieverhalten:

$$f'(x) = \frac{2x(x^2 - 1) - (x^2 - 4)2x}{(x^2 - 1)^2} = \frac{6x}{(x^2 - 1)^2}$$

$f'(x) = 0 \Rightarrow x = 0$

$f'(x) < 0$ für $-\infty < x < -1 \vee -1 < x < 0$

$f'(x) > 0$ für $0 < x < 1 \vee 1 < x < \infty$

Tiefpunkt in T (0; 4)

Wendestellen:

$$f''(x) = \frac{6\,(x^2-1)^2 - 6\,x \cdot 2\,(x^2-1)\,2\,x}{(x^2-1)^4} =$$

$$= \frac{6\,(x^2-1)\,[(x^2-1) - 4\,x^2]}{(x^2-1)^4} =$$

$$= \frac{-6\,(3\,x^2+1)}{(x^2-1)^3}$$

$\Rightarrow$ Es existieren keine Wendestellen.

Graph:

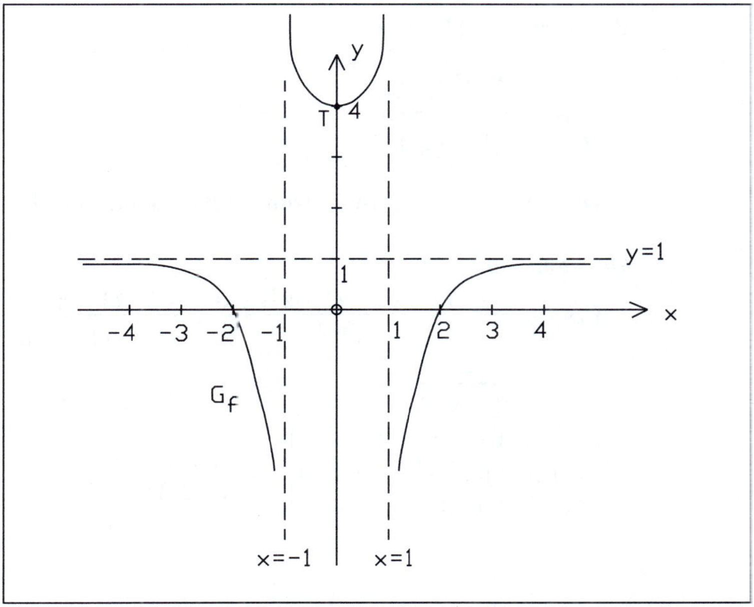

$f\colon x \mapsto \dfrac{x^2-4}{x^2-1};\ x \in \mathbb{R} \setminus \{1; -1\}$

b) *Definitionsbereich:*
$\mathbb{D}_f = \mathbb{R}$

Pole:
keine

Symmetrieverhalten:

$$f(-x) = \frac{1-(-x)^2}{1+(-x)^2} = \frac{1-x^2}{1+x^2} = f(x)$$

Der Graph ist achsensymmetrisch zur y-Achse.

Gemeinsame Punkte mit den Koordinatenachsen:
$f(0) = 1 \Rightarrow S(0; 1)$
$f(x) = 0 \Rightarrow 1 - x^2 = 0 \Leftrightarrow x = 1 \vee x = -1 \Rightarrow N_1(1; 0), N_2(-1; 0)$

Verhalten für $|x| \to \infty$:

$$\lim_{|x| \to \infty} \frac{x^2\left(\frac{1}{x^2} - 1\right)}{x^2\left(\frac{1}{x^2} + 1\right)} = -1$$

Die Gerade $y = -1$ ist horizontale Asymptote von G_f.

Monotonieverhalten:

$$f'(x) = \frac{-2x(1+x^2) - (1-x^2)\,2x}{(1+x^2)^2} = \frac{-2x(1+x^2+1-x^2)}{(1+x^2)^2} =$$

$$= \frac{-4x}{(1+x^2)^2}$$

$$\left.\begin{array}{l} f'(x) = 0 \Rightarrow x = 0 \\ f'(x) > 0 \text{ für } -\infty < x < 0 \\ f'(x) < 0 \text{ für } 0 < x < \infty \end{array}\right\} \Rightarrow \begin{array}{l}\text{Hochpunkt in} \\ H(0; 1)\end{array}$$

Wendestellen:

$$f''(x) = \frac{-4\,(1+x^2)^2 + 4\,x \cdot 2\,(1+x^2)\,2\,x}{(1+x^2)^4} =$$

$$= \frac{-4\,(1+x^2)\,[(1+x^2) - 4\,x^2]}{(1+x^2)^4} =$$

$$= \frac{-4\,(1-3\,x^2)}{(1+x^2)^3}$$

$$f''(x) = 0 \Rightarrow 1 - 3\,x^2 = 0 \Leftrightarrow x = \frac{\sqrt{3}}{3} \vee x = -\frac{\sqrt{3}}{3}$$

$$f''(x) > 0 \text{ für } -\infty < x < -\frac{\sqrt{3}}{3}$$

$$f''(x) < 0 \text{ für } -\frac{\sqrt{3}}{3} < x < \frac{\sqrt{3}}{3}$$

$$f''(x) > 0 \text{ für } \frac{\sqrt{3}}{3} < x < \infty$$

$$\Rightarrow W_1\left(-\frac{\sqrt{3}}{3}; \frac{1}{2}\right), W_2\left(\frac{\sqrt{3}}{3}; \frac{1}{2}\right)$$

Graph:

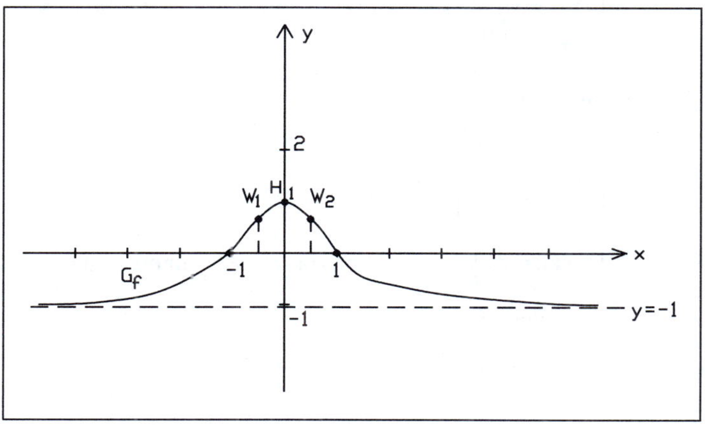

$f: x \mapsto \frac{1-x^2}{1+x^2};\ x \in \mathbb{R}$

c) *Definitionsbereich:*

$\mathbb{D}_f = \mathbb{R} \setminus \{1\}$

Pole:

In 1 hat f einen Pol zweiter Ordnung (ohne Zeichenwechsel). Die Vertikale x = 1 ist Asymptote von G_f.

$$\lim_{x \to 1+} \frac{x^2 - 4x}{(x-1)^2} = \lim_{h \to 0} \frac{(1+h)^2 - 4(1+h)}{(1+h-1)^2} =$$

$$= \lim_{h \to 0} \frac{(1+h)[1+h-4]}{h^2} =$$

$$= \lim_{h \to 0} \frac{(1+h)(h-3)}{h^2} = -\infty$$

Analog gilt: $\lim\limits_{x \to 1-} f(x) = -\infty$

Symmetrieverhalten:

$$f(-x) = \frac{(-x)^2 - 4(-x)}{(-x-1)^2} = \frac{x^2 + 4x}{(x+1)^2} \Rightarrow \text{kein einfaches Symmetrieverhalten}$$

Gemeinsame Punkte mit den Koordinatenachsen:

$f(0) = 0$

$f(x) = 0 \Rightarrow x^2 - 4x = 0 \Leftrightarrow x(x-4) = 0 \Leftrightarrow x = 0 \vee x = 4$

$\Rightarrow N_1(0; 0), N_2(4; 0)$

Verhalten für $|x| \to \infty$:

$$\lim_{|x| \to \infty} \frac{x^2\left(1 - \frac{4}{x}\right)}{x^2\left(1 - \frac{2}{x} + \frac{1}{x^2}\right)} = 1$$

Die Gerade y = 1 ist horizontale Asymptote von G_f.

Monotonieverhalten:

$$f'(x) = \frac{(2x-4)(x-1)^2 - (x^2-4x)\,2(x-1)}{(x-1)^4}$$

$$= \frac{2(x-1)[(x-2)(x-1) - (x^2-4x)]}{(x-1)^4}$$

$$= \frac{2\,(x^2 - 3\,x + 2 - x^2 + 4\,x)}{(x-1)^3} = \frac{2\,(x+2)}{(x-1)^3}$$

$$\left.\begin{array}{l} f'(x) = 0 \Rightarrow x = -2 \\ f'(x) > 0 \text{ für } -\infty < x < -2 \\ f'(x) < 0 \text{ für } -2 < x < 1 \end{array}\right\} \Rightarrow \begin{array}{l}\text{Hochpunkt in} \\ H\,(-2;\, 4/3)\end{array}$$

$$f'(x) > 0 \text{ für } 1 < x < \infty$$

Wendestellen:

$$f''(x) = 2\,\frac{1\,(x-1)^3 - (x+2)\,3\,(x-1)^2}{(x-1)^6} =$$

$$= 2\,\frac{(x-1)^2\,[x - 1 - 3\,(x+2)\,]}{(x-1)^6} =$$

$$= 2\,\frac{(-2\,x - 7)}{(x-1)^4} = -2\,\frac{2\,x + 7}{(x-1)^4}$$

$$f''(x) = 0 \Rightarrow 2\,x + 7 = 0 \Leftrightarrow 2\,x = -7 \Leftrightarrow x = -3{,}5$$

$$f''(x) > 0 \text{ für } -\infty < x < -3{,}5$$

$$f''(x) < 0 \text{ für } -3{,}5 < x < 1$$

$$\Rightarrow \text{Wendestelle in } W\,(-3{,}5;\, \approx 1{,}3)$$

Graph:

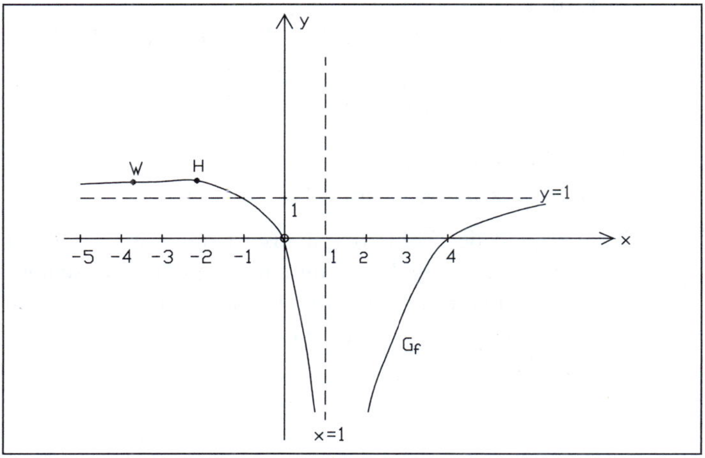

$f\colon x \mapsto \dfrac{x^2 - 4\,x}{(x-1)^2};\ x \in \mathbb{R} \setminus \{1\}$

d) Definitionslücken, Definitionsbereich:

$$f(x) = \frac{x(x-2)(x+3)}{(x-2)(x+2)};\ x \in \mathbb{R} \setminus \{2; -2\}$$

In 2 hat f eine behebbare Definitionslücke.

Pole:

In – 2 hat f einen Pol erster Ordnung (mit Zeichenwechsel). Die Vertikale x = – 2 ist Asymptote von G_f.

$$\lim_{x \to -2+} \frac{x(x-2)(x+3)}{(x-2)(x+2)} = \lim_{h \to 0} \frac{(-2+h)(-2+h+3)}{(-2+h+2)}$$

$$= \lim_{h \to 0} \frac{(-2+h)(1+h)}{h} = -\infty$$

Analog gilt: $\lim\limits_{x \to -2-} f(x) = +\infty$

Symmetrieverhalten:

$$f(-x) = \frac{-x(-x-2)(-x+3)}{(-x)^2-4} = \frac{x(x+2)(-x+3)}{x^2-4}$$

Der Graph zeigt kein einfaches Symmetrieverhalten.

Gemeinsame Punkte mit den Koordinatenachsen:

$f(0) = 0$

$f(x) = 0 \quad \Rightarrow x(x-2)(x+3) = 0 \wedge x \in \mathbb{R} \setminus \{2; -2\}$

$\quad\quad\quad\quad \Leftrightarrow x = 0 \vee x = -3$

$\Rightarrow N_1\,(0; 0), N_2\,(-3; 0)$

Verhalten für $|x| \to \infty$:

$\lim\limits_{x \to \infty} f(x) = \infty;\ \lim\limits_{x \to -\infty} f(x) = -\infty$

Der Grad des Zählerpolynoms ist um 1 größer als der Grad des Nennerpolynoms. Es ist möglich, daß G_f eine schiefe Asymptote hat. Wir überprüfen dies durch Ausdividieren:

$$\frac{x(x-2)(x+3)}{(x-2)(x+2)} = \frac{x(x+3)}{x+2}$$

Also:

$$(x^2 + 3x) : (x + 2) = x + 1 - \frac{2}{x+2}$$

$$\begin{array}{l} \underline{-(x^2 + 2x)} \\ \qquad x \\ \quad \underline{-(x + 2)} \\ \qquad -2 \end{array}$$

Die Gerade $y = x + 1$ ist schiefe Asymptote des Graphen von f. Ausführlich:

$$\lim_{x \to \infty} [f(x) - (x + 1)] = \lim_{x \to \infty} \left[x + 1 - \frac{2}{x+2} - (x + 1)\right] =$$

$$= \lim_{x \to \infty} \left(-\frac{2}{x+2}\right) = 0$$

Monotonieverhalten:

$$f'(x) = \left[x + 1 - \frac{2}{x+2}\right]' = 1 + \frac{2}{(x+2)^2}; \; x \in \mathbb{R} \setminus \{-2; 2\}$$

$f'(x) = 0$ nicht erfüllbar $\Rightarrow$ keine Extrempunkte!

$f'(x) > 0$ für $x \in \mathbb{R} \setminus \{-2; 2\}$

Wendestellen:

$$f''(x) = \frac{-4}{(x+2)^3}$$

$f''(x) = 0$ nicht erfüllbar $\Rightarrow$ Es existieren keine Wendestellen.

Graph:

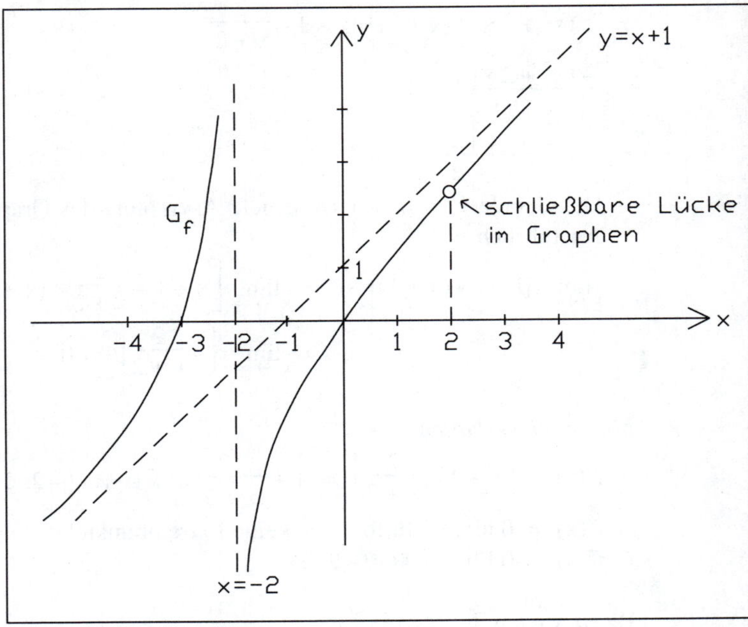

f: $x \mapsto \frac{x\,(x-2)\,(x+3)}{x^2-4}$; $x \in \mathbb{R} \setminus \{-2;2\}$

82. a) $\frac{x-1}{2x} > 0$

1. Fall	**2. Fall:**
$x-1 > 0 \wedge x > 0$	$x-1 < 0 \wedge x < 0$
$\Leftrightarrow x > 1$	$\Leftrightarrow x < 1$
$L =]1; \infty[$	$L =]-\infty; 0[$

$\Rightarrow \mathbb{D}_f =]-\infty; 0[\cup]1; \infty[$

$$\ln \frac{x-1}{2x} = 0 \Leftrightarrow \frac{x-1}{2x} = 1; x \in \mathbb{D}_f$$

$$\Leftrightarrow x-1 = 2x$$

$$\Leftrightarrow -1 = x$$

f hat an der Stelle $x = -1$ eine Nullstelle.

b) $\mathbb{D}_f = \mathbb{R}^+$

$f(x) = 0 \Rightarrow \ln\frac{1}{x} = 0 \Leftrightarrow x = 1$

f hat genau eine Nullstelle: 1

c) $2 - e^x = 0 \Leftrightarrow 2 = e^x \Leftrightarrow x = \ln 2 \Rightarrow \mathbb{D}_f = \mathbb{R}\setminus\{\ln 2\}$
$f(x) = 0 \Rightarrow e^x = 0 \Rightarrow L = \{\} \Rightarrow$ f hat keine Nullstelle

d) $\mathbb{D}_f = \mathbb{R}$, denn $\frac{x^2}{4} + 1 > 0$ für alle $x \in \mathbb{R}$

$f(x) = 0 \Rightarrow \frac{x^2}{4} + 1 = 1 \Leftrightarrow x = 0$

f hat genau eine Nullstelle: 0

8. Flächenmessung

83. Wir berechnen zunächst den Schnittpunkt von G_f mit der x-Achse:

$$\frac{6\,(x-1)}{x^3} = 0 \Leftrightarrow x = 1$$

Also:

$$A = \int_1^3 \frac{6\,(x-1)}{x^3}\,dx = 6\left(\int_1^3 \frac{1}{x^2}\,dx - \int_1^3 \frac{1}{x^3}\,dx\right) =$$

$$= 6\left(\left[-\frac{1}{x}\right]_1^3 - \left[-\frac{1}{2\,x^2}\right]_1^3\right) = 6\left(-\frac{1}{3} + 1 + \frac{1}{18} - \frac{1}{2}\right) =$$

$$= \frac{4}{3}\text{ [FE]}$$

84. Wir berechnen zunächst den Schnittpunkt der Kurve mit der x-Achse:

$$\frac{4-4\,x}{x^2-2\,x+5} = 0 \Leftrightarrow 4-4\,x = 0 \Leftrightarrow x = 1$$

$$A = \int_0^1 \frac{4-4\,x}{x^2-2\,x+5}\,dx = 2\int_0^1 \frac{2-2\,x}{x^2-2\,x+5}\,dx =$$

$$= -2\int_0^1 \frac{2\,x-2}{x^2-2\,x+5}\,dx = -2\,\left[\ln\,(x^2-2\,x+5)\right]_0^1 =$$

$$\boxed{\int \frac{f'(x)}{f(x)}\,dx = \ln f(x) + C}$$

$$= -2\,(\ln 4 - \ln 5) = 2\,(\ln 5 - \ln 4) = 2\ln\frac{5}{4} \approx 0{,}45\text{ [FE]}$$

85. $A = \int_1^6 \left(\frac{x}{8} + \frac{2}{x}\right) dx = \left[\frac{1}{8} \cdot \frac{x^2}{2} + 2 \ln x\right]_1^6 =$

$= \frac{36}{16} + 2 \ln 6 - \frac{1}{16} = \frac{35}{16} + 2 \ln 6 \approx 5{,}8$ [FE]

86. a) Wir berechnen zunächst die Schnittpunkte der beiden Graphen:

$\frac{6x}{1+x^2} = \frac{3}{2}x \quad | \cdot 2(1+x^2)$

$\Leftrightarrow 12x = 3x(1+x^2)$

$\Leftrightarrow 12x = 3x + 3x^3$

$\Leftrightarrow 0 = 3x^3 - 9x$

$\Leftrightarrow 0 = 3x(x^2 - 3) \Leftrightarrow x = 0 \vee x = \sqrt{3} \vee x = -\sqrt{3}$

$\Rightarrow S_1(0; 0), S_2\left(\sqrt{3}; \frac{3\sqrt{3}}{2}\right), S_3\left(-\sqrt{3}; \frac{-3\sqrt{3}}{2}\right)$

Wegen der Punktsymmetrie gilt:

$A = 2\int_0^{\sqrt{3}} \left(\frac{6x}{1+x^2} - \frac{3}{2}x\right) dx = 2\left(3\int_0^{\sqrt{3}} \frac{2x}{1+x^2} dx - \frac{3}{2}\int_0^{\sqrt{3}} x\, dx\right)$

$=$

$= 2\left([3 \ln(1-x^2)]_0^{\sqrt{3}} - \left[\frac{3}{4}x^2\right]_0^{\sqrt{3}}\right) = 2\left(3 \ln 4 - \frac{9}{4}\right) =$

$\approx 3{,}82$ [FE]

b) $A = \int_0^2 \left[\frac{x - x^3}{x^2+1} - (-x)\right] dx = \int_0^2 \frac{x - x^3 + x(x^2+1)}{x^2+1} dx =$

$= \int_0^2 \frac{2x}{x^2+1} dx = [\ln|x^2+1|]_0^2 = \ln 5 - \ln 1 = \ln 5$ [FE]

c) Wir berechnen zunächst die Schnittpunkte des Graphen von g mit der Geraden $y = -x$. Also:

$$\frac{4x}{x^2-4} + x = -x;\ x \in \mathbb{R} \setminus \{2; -2\}$$

$$\Leftrightarrow \frac{4x}{x^2-4} + 2 = 0$$

$$\Leftrightarrow x\left(\frac{4}{x^2-4} + 2\right) = 0$$

$$\Leftrightarrow x \cdot \frac{2x^2-4}{x^2-4} = 0$$

$$\Leftrightarrow x = 0 \vee 2x^2 - 4 = 0$$

$$\Leftrightarrow x = \sqrt{2} \vee x = -\sqrt{2}$$

Wegen der Punktsymmetrie gilt:

$$A = 2\int_0^{\sqrt{2}} \left[\frac{4x}{x^2-4} + x - (-x)\right] dx = 2\int_0^{\sqrt{2}} \left(\frac{4x}{x^2-4} + 2x\right) dx =$$

$$= 2\left[2\int_0^{\sqrt{2}} \frac{2x}{x^2-4}\,dx + 2\int_0^{\sqrt{2}} x\,dx\right] =$$

$$= 2\ \left[2\ln|x^2-4|\right]_0^{\sqrt{2}} + 4\left[\frac{x^2}{2}\right]_0^{\sqrt{2}} =$$

$$= 4(\ln 2 - \ln 4) + 2 \cdot 2 =$$
$$= 4\ln 2 - 8\ln 2 + 4 = 4 - 4\ln 2\ [\text{FE}] \approx 1{,}23\ [\text{FE}]$$

87. $$A(d) = \int_{0,5}^{d} \left(\frac{2x^3+1}{2x^2} - x\right) dx = \int_{0,5}^{d} \left(x + \frac{1}{2x^2} - x\right) dx =$$

$$= \frac{1}{2}\int_{0,5}^{d} \frac{1}{x^2}\,dx = \frac{1}{2}\left[-\frac{1}{x}\right]_{0,5}^{d} = \frac{1}{2}\left(-\frac{1}{d} + \frac{1}{0,5}\right) =$$

$$= \frac{1}{2}\left(-\frac{1}{d}+2\right) \text{ [FE]}$$

$$\lim_{d \to \infty} A(d) = 1 \text{ [FE]}$$

88. a) $x^2 + 3x + 2 = 0 \Leftrightarrow (x+1)(x+2) = 0 \Leftrightarrow x = -1 \vee x = -2$

$\Rightarrow \mathbb{D}_f = \mathbb{R}\setminus\{-1; -2\}$

$f(x) = \dfrac{x^2(x+1)}{(x+1)(x+2)} \Rightarrow$ f hat in – 1 eine behebbare Definitionslücke; in – 2 liegt ein Pol erster Ordnung (mit Zeichenwechsel) vor.

$$\lim_{x \to -2+} \frac{x^2(x+1)}{(x+1)(x+2)} = \lim_{h \to 0} \frac{(-2+h)^2}{(-2+h+2)} =$$

$$= \lim_{h \to 0} \frac{(-2+h)^2}{h} = \infty$$

$$\lim_{x \to -2-} f(x) = -\infty$$

$$g: x \to \begin{cases} \dfrac{x^2}{x+2} & \text{für } x \in \mathbb{R}\setminus\{-1; -2\} \\ 1 & \text{für } x = -1 \end{cases}$$

Nullstelle: 0

senkrechte Asymptote: $x = -2$

schiefe Asymptote: $y = x - 2$

$$x^2 : (x+2) = x - 2 + \frac{4}{x+2}$$

$$\begin{array}{l} \underline{-(x^2 + 2x)} \\ \quad -2x \\ \quad \underline{-(-2x - 4)} \\ \qquad 4 \end{array}$$

$$g'(x) = \frac{2x(x+2) - x^2 \cdot 1}{(x+2)^2} = \frac{x^2 + 4x}{(x+2)^2}$$

$$g'(x) = 0 \Rightarrow x^2 + 4x = 0 \Leftrightarrow x(x+4) = 0$$
$$\Leftrightarrow x = 0 \vee x = -4$$

$g'(x) > 0$ für $-\infty < x < -4$
$g'(x) < 0$ für $-4 < x < -2 \vee -2 < x < 0$
$g'(x) > 0$ für $0 < x < \infty$
$\Rightarrow$ Hochpunkt in H (– 4; – 8), Tiefpunkt in T (0; 0)

b)

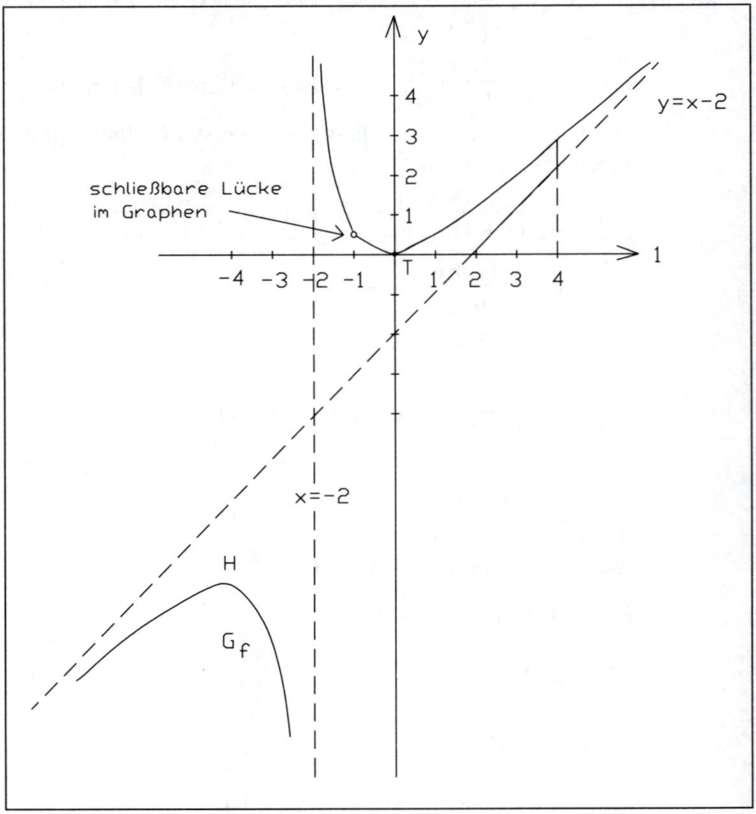

$$f: x \mapsto \frac{x^3 + x^2}{x^2 + 3x + 2};\ x \in \mathbb{R} \setminus \{-1; -2\}$$

c) $A = \int_0^4 \left[\frac{x^2}{x+2} - (x-2)\right] dx = \int_0^4 \frac{x^2 - (x-2)(x+2)}{x+2} dx =$

$= \int_0^4 \frac{4}{x+2} dx = 4 \left[\ln|x+2|\right]_0^4 = 4 (\ln 6 - \ln 2) =$

$= 4 \ln \frac{6}{2} = 4 \ln 3$ [FE] $\approx 4{,}4$ [FE]

Stichwortverzeichnis

Ihre Meinung ist uns wichtig !

Ihre Anregungen sind uns immer willkommen.
Bitte informieren Sie uns mit diesem Schein über Ihre Verbesserungsvorschläge!

Titel-Nr.	Seite	Fehler, Vorschlag

STARK

Zutreffendes bitte ankreuzen!

Die Absenderin/der Absender ist:

- ☐ Lehrer/in
- ☐ Fachbetreuer/in
  Fächer: ______
- ☐ Oberstufenbetreuer/in
- ☐ Seminarlehrer/in
  Fächer: ______
- ☐ Schulleiter/in
- ☐ Regierungsfachberater/in
  Fächer: ______
- ☐ Schüler/in
- ☐ Eltern
- ☐ Sekretariat

Unterrichtsfächer:

______

Stark Verlag
Postfach 1852
85318 Freising

6-V1T

Bitte ausfüllen und im frankierten Umschlag an uns einsenden. Für Fensterkuverts geeignet.

Kennen Sie Ihre Kundennummer? Bitte hier eintragen.

Absender (bitte in Druckbuchstaben)

______
Name/Vorname

______
Straße/Nr.

______
PLZ/Ort

Schule/Schulstempel (bitte immer angeben)

Abitur-Training

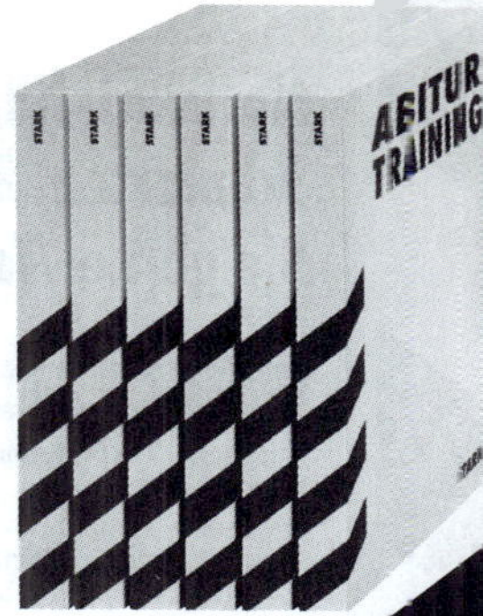

Theorie ist gut, Praxis ist besser. Deshalb enthalten unsere von Fachlehrern entwickelten Trainingsbände nicht nur alle nötigen Fakten, sondern jede Menge praxisgerechte Übungen mit vollständigen Lösungen. Auf die prüfungsrelevanten Stoffgebiete konzentriert, ermöglichen alle Bände ein effektives Lernen – beste Voraussetzungen, um sich als Schüler selbständig vorzubereiten.

Mathematik

Analysis – LK .... **Best.-Nr. 94002**
Analysis – gk .... **Best.-Nr. 94001**
Analytische Geometrie und lineare Algebra 1 – gk/LK .... **Best.-Nr. 94005**
Analytische Geometrie und lineare Algebra 2 – gk/LK .... **Best.-Nr. 54008**
Stochastik – LK .... **Best.-Nr. 94003**
Stochastik – gk .... **Best.-Nr. 94007**
Infinitesimalrechnung 1/11. Kl. **Best.-Nr. 94006**
Infinitesimalrechnung 2/11. Kl. **Best.-Nr. 94008**
Übungsaufgaben Analysis 1
Ganzrationale und gebrochenrationale Funktionen, Wurzelfunktionen .... **Best.-Nr. 92403**
Übungsaufgaben Analysis 2
Exponential- und Logarithmusfunktionen, trigonometrische Funktionen .... **Best.-Nr. 92404**
Wiederholung Algebra
Binomische Formeln, Ungleichungen, lineare und quadratische Gleichungen, Ungleichungen Absolutbetrag, Bruchterme u. a. m. .... **Best.-Nr. 92402**

Physik

Kernphysik – LK .... **Best.-Nr. 94305**
Wellen- und Teilchenaspekt von Licht und Materie – LK .... **Best.-Nr. 94303**
Atommodelle – LK .... **Best.-Nr. 94304**
U: **Elektrische und magnetische Felder – LK**
Ladung, elektrisches Feld, Potential, Spannung, Magnetfeld, Lorentzkraft u. a. m. ... **Best.-Nr. 94308**
Physik 1 – gk
Statische sowie zeitlich veränderliche elektrische und magnetische Felder u. a. m. ...... **Best.-Nr. 94321**
Physik 2 – gk
Elementare Quantenphysik, Struktur des Atoms und seiner Hülle, Atomkerne u. a. m. .... **Best.-Nr. 94322**
Mechanik 11. Klasse .... **Best.-Nr. 94307**
Physik 1 – FOS
Gravitationsfeld, elektrisches Feld, magnetisches Feld und Induktion .... **Best.-Nr. 92436**
Physik 2 – FOS
Mechanische Schwingungen und Wellen, Kernumwandlungen, Atombau u. a. m. **Best.-Nr. 92437**
Physik 11. Klasse – FOS .... **Best.-Nr. 92438**
Physikalisches Praktikum – FOS **Best.-Nr. 92435**

Technologie

Technologie Skript. Information 1 .. **Best.-Nr. 2440**

Chemie

Chemie 1 – LK Bayern
Grundlagen der chem. Analytik; Kernchemie; Kohlenwasserstoffe; Alkohole, Carbonylverbindungen, Carbonsäuren, Phenole und Amine **Best.-Nr. 94731**
Chemie 1 – gk Bayern
Sauerstoffhaltige organ. Verbindungen, Struktur und Reaktivität v. Kohlenwasserstoffen **Best.-Nr. 94741**
Chemie 2 – gk Bayern
Proteine, Fette, Öle, Kohlenhydrate, Aminocarbonsäuren, aromatische Verbindungen **Best.-Nr. 94742**
Chemie 1 – gk/LK Baden-Württemberg
Protolysengleichgewicht in wäßrigen Lösungen, chemisches Gleichgewicht, Kohlenhydrate, Amine, Aminosäuren, Proteine u. a. m. .... **Best.-Nr. 84731**
Chemie 2 – gk/LK Baden-Württemberg
Grundlagen elektrochemischer Vorgänge, elektrochemische Vorgänge in der Technik, Metalle, Waschmittel, Energetik u. a. m. .... **Best.-Nr. 84732**

Biologie

Biologie 1 – LK Bayern
Grundlagen der Vererbung, Molekulargenetik, strukturelle und energetische Grundlagen der Lebensvorgänge, Stoffwechselprozesse, Ökologie und Umweltschutz .... **Best.-Nr. 94701**
Biologie 2 – LK Bayern
Anatomische und physiologische Grundlagen des Verhaltens, Verhalten bei Tier und Mensch, Evolution .... **Best.-Nr. 94702**
Biologie 1 – gk Bayern
Grundlagen der Vererbung, Molekulargenetik, Stoffwechselvorgänge in Lebewesen, Ökologie und Umweltschutz .... **Best.-Nr. 94715**
Biologie 2 – gk Bayern
Anatomische und physiologische Grundlagen des Verhaltens; Verhalten bei Tier und Mensch; Evolution: Artenwandel, Entwicklung des Menschen, Sozialverhalten .... **Best.-Nr. 94716**
Biologie 1 – gk/LK Baden-Württemberg
Enzyme, Stoffwechsel, Neurophysiologie und Hormone .... **Best.-Nr. 84701**
Biologie 2 – gk/LK Baden-Württemberg
Klassische Genetik, Molekulargenetik, Immunbiologie und Evolution .... **Best.-Nr. 84702**

Wirtschaft/Recht

Betriebswirtschaft – LK .... **Best.-Nr. 94851**
Volkswirtschaft – gk/LK .... **Best.-Nr. 94881**
Rechtslehre – gk .... **Best.-Nr. 94882**

(Bitte blättern Sie um)